从零开始学手帐
以喜欢的方式去旅行

刘哲 著

·北京·

图书在版编目（CIP）数据

从零开始学手帐 ：以喜欢的方式去旅行 / 刘哲著
. -- 北京 ：中国水利水电出版社，2020.1
ISBN 978-7-5170-8227-9

Ⅰ. ①从… Ⅱ. ①刘… Ⅲ. ①本册 Ⅳ. ①TS951.5

中国版本图书馆CIP数据核字(2019)第254479号

书　　名	**从零开始学手帐——以喜欢的方式去旅行** CONG LING KAISHI XUE SHOUZHANG —YI XIHUAN DE FANGSHI QU LÜXING
作　　者	刘哲　著
出版发行	中国水利水电出版社 （北京市海淀区玉渊潭南路1号D座　100038） 网址：www.waterpub.com.cn E-mail：sales@waterpub.com.cn 电话：(010) 68367658（营销中心）
经　　售	北京科水图书销售中心（零售） 电话：(010) 88383994、63202643、68545874 全国各地新华书店和相关出版物销售网点
排　　版	中国水利水电出版社微机排版中心
印　　刷	北京博图彩色印刷有限公司
规　　格	145mm×210mm　32开本　5.75印张　150千字
版　　次	2020年1月第1版　2020年1月第1次印刷
定　　价	**49.80**元

凡购买我社图书，如有缺页、倒页、脱页的，本社营销中心负责调换

前言

相信许多人和我一样，从小就有环游世界的梦想，盼望着长大以后，可以去每一个向往的国家看一看。2007 年初，我利用各种假期开始旅行，下班时间我将旅行收集来的纸制品用剪贴本的形式记录下来，这成为我最初记录旅行的方式。

2012 年，我考入首都师范大学美术学院攻读艺术硕士。出于对绘画和旅行的热爱，我不断寻找能够将两者完美结合的记录方式。经过摸索，我发现将不够详尽的剪贴本与绘画要求较高的旅行绘本完美结合的载体正是旅行手帐，它使记录者不受年龄及绘画能力的限制，而且可以轻松掌握，不用花费过多的时间。应该说，手帐让旅行变得更加有趣。

时至今日，旅行手帐已经成为我生活中不可缺失的部分，用手帐可以记录美好的旅行，也可以记录日常生活中值得纪念的日子。

如果你喜欢旅行，喜欢手帐，
那就跟我一起，开始你的第一本旅行手帐吧!

目 录

contents

chapter 1

什么是旅行手帐?

chapter 2

旅行手帐常用工具

chapter 3

用手帐记录旅行前的准备

chapter 4

手帐中的衣食住行

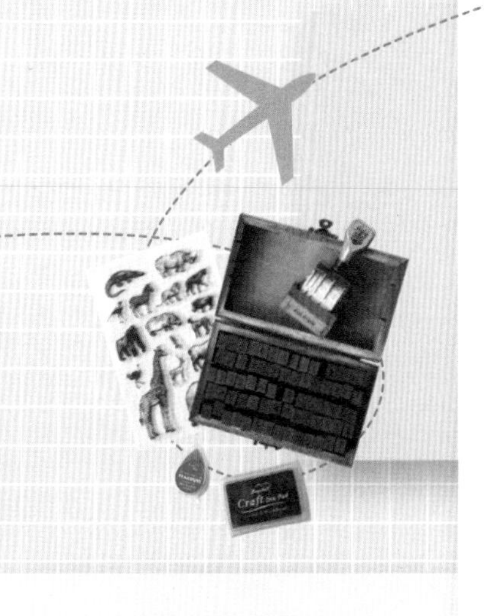

chapter 5

手帐中的旅行目的地

chapter 6

如何编排旅行手帐

chapter 1

什么是旅行手帐?

旅行的意义是什么?
我想，每个人的答案会各不相同。
可能有人会说：旅行可以开阔眼界，让世界变得更大。
也有人会说：旅行不过是去别人呆腻的地方看看。
其实于我而言，旅行就是

做自己喜欢的事，见自己喜欢的人。

人生太短暂，选择适合自己的方式，记录人生最美的回忆。当我老得走不动的时候，可以拿着手帐来看一看，每一次的翻阅都会像电影回放，将自己带回到那美好的回忆里……

希望每个人都能找到适合自己的记录美好的方式。

chapter 1.1

旅行手帐

难易程度 ★★☆☆☆

旅行手帐适合人群：

- ☑ 旅行中或旅行归来后，有充足的时间进行记录。
- ☑ 对手帐画面美感有一定的要求。
- ☑ 喜欢拼贴、简单绘画，热爱文字记录。

手帐一词源于日本，意指在本子中应用装饰和拼贴来规划日程、记录日常生活。

手帐记录的内容取决于手帐记录者，可以分为工作手帐、日常生活手帐、读书手帐、学习手帐、育儿手帐、旅行手帐等。

旅行手帐的内容可以是出发前的旅行计划，也可以是旅行过程中的记录，再或是旅行归来后进行的拼贴与绘画创作。总之，是让美好的旅行保留在手帐本中。

手帐这种脱离电子设备束缚的记录方式越来越多得到年轻人的喜爱，成为一种复古的、与众不同的记录生活方式。

上海旅行手帐

旅行时间：2018 年 5 月

记录方式：拼贴、水彩

旅行手帐推荐组合工具

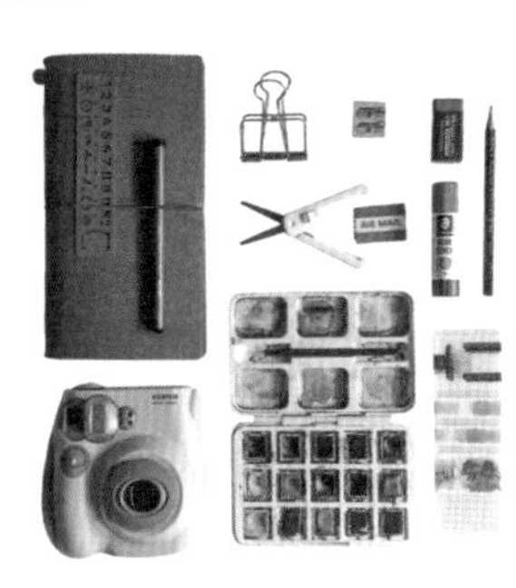

- 芯陌日式毛毡手帐本（标准款）
- 日本 Copic 进口防水针管笔(0.3 黑色)
- VanGogh 梵高固体水彩（12+3 色）
- 德国 Staedtler 施德楼固体胶棒
- 日本 UNI 三菱铅笔（2B）
- Fujifilm 富士拍立得相机（mini7S）
- 和纸胶带、分装板、贴纸
- 德国辉柏嘉橡皮
- 得力便携式剪刀
- 德国 M+R 黄铜卷笔刀
- 金属夹子
- 复古黄铜手帐尺

chapter 1.2

旅行剪贴本

难易程度 ★☆☆☆☆

旅行剪贴本适合人群：

☑ 业余时间较少，没有过多精力。
☑ 不想投入太多金钱。
☑ 无绘画基础。
☑ 低幼人群。

剪贴本又称剪报，流行于20世纪八九十年代，人们将报刊上的新闻、文章、生活小常识等内容进行剪辑汇总，便于工作与生活日常需要。

随着社会的发展，剪贴本的内容也不仅限于报刊，日常的电影票、音乐会门票、话剧门票等也被纳入其中。

旅行剪贴本是将实际旅行中收集到的机票、门票、地图等各种纸制品，**按照旅行日程发生的排序进行拼贴，并在拼贴内容旁附上简短标注，以剪贴本的形式对旅行进行整理与回顾。**

暑假香港旅行剪贴本

旅行时间：2012 年 8 月

封面材质：艺术地图

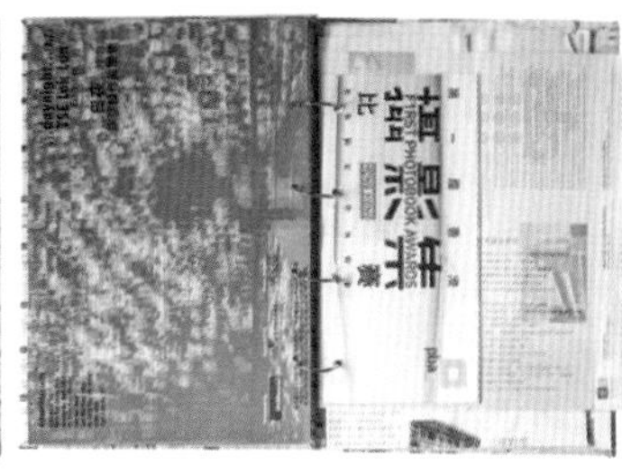

圣诞台湾旅行剪贴本

旅行时间：2013 年 12 月

封面材质：诚品书店购物袋

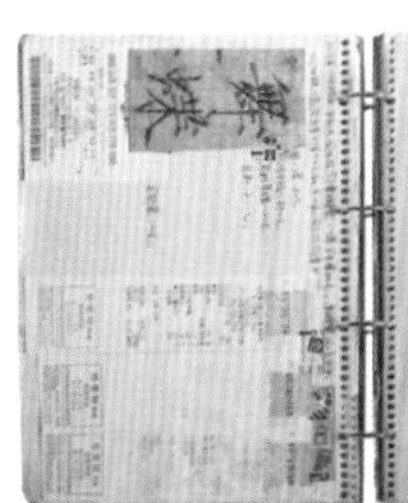

南澳大利亚旅行剪贴本

旅行时间：2015 年 2 月

封面材质：奔富酒庄宣传册

旅行剪贴本推荐组合工具

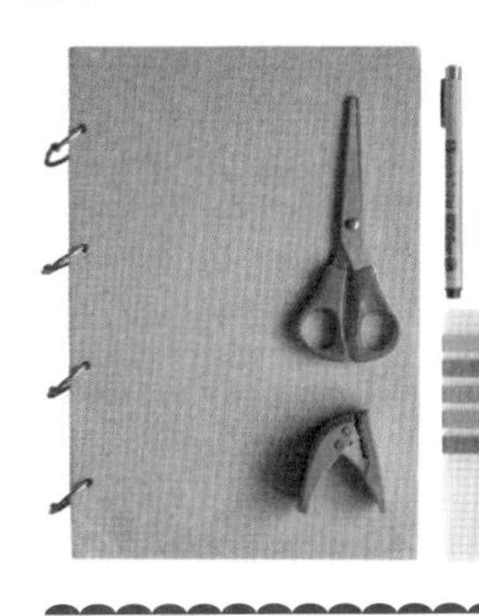

- 艺之笔日式麻面活页本（四环 A4）
- 日本樱花 Sakura 防水针管笔（0.3 黑色）
- 宜家剪刀
- 得力迷你手动打孔器
- 得力超强固体胶
- 单色和纸胶带
- 胶带分装板

chapter 1.3

旅行绘本

难易程度 ★★★★★

旅行绘本适合人群：

☑ 具有一定的美术基础，绘画能力较强的旅行者或美术专业人员。

☑ 旅行中或旅行归来，有较为充裕的绘画时间。

绘本为外来语，即图画书，该词语取自日语中图画书的叫法，意指“画出来的书”，常指以绘画为主，带有少量文字的书籍。

因绘本内容的不同，绘本可分为儿童绘本和成人绘本。旅行绘本这个概念是近些年才兴起的一种全新的绘本种类。

旅行绘本是一种以绘画为主、游记为辅的成人绘本。作者以绘画的形式，用独有的视角记录旅行中的所遇、所知、所想。（如 2007 年出版的台湾张佩瑜《土耳其手绘旅行》、2010 年出版的《虫虫手绘：跟我去香港》旅行绘本系列）

霞浦、泉州旅行绘本

旅行时间：2018 年 9 月

记录方式：钢笔淡彩

旅行绘本推荐组合工具

- Moleskine 硬面笔记本（200g）
- 德国 Schmincke 史明克大师级固体水彩（12 色）
- 韩国 Hwahong 华虹 356 旅行口袋笔（2 号 4 号）
- 德国施德楼 Staedtler 针管笔（0.5 黑色）
- 日本 Copic 进口防水针管笔（0.3 棕色）
- 日本吴竹 Kuretake 双头笔（中字 + 细字）
- Penco 彩色塑料票夹

Cotton Writing Experience
To be the true of you
Water Color
sketch book
chū+
ROOTED
SENSE
OF DAWN
GLUE
STICK
POCKET BOX
van Gogh

chapter 2

旅行手帐常用工具

制作手帐的第一步是选择适合自己的手帐工具。手帐工具的种类、样式五花八门，新手不仅无从下手，挑错买多的几率也非常大。

笔者在本章中将旅行十几年用过的所有手帐本、笔、颜料进行详细介绍，看过工具测评之后再入手也不迟。

敲

在购买手帐工具前，先仔细阅读三个小建议。

1 理性消费：在不确定手帐能够坚持多久之前，建议不要购买太多、太贵的手帐工具，避免不必要的浪费。

2 控制重量：旅行需要体力的支撑，尽量携带分量较轻的手帐工具，减轻背包的重量。

3 基础工具：

☑ 一本大小适中的手帐本；

☑ 一支书写流畅的写字笔；

☑ 一盒色彩漂亮的绘画颜料；

☑ 剪刀、胶棒、基础胶带和贴纸。

2.1 手帐本

日常手帐与旅行手帐最大的区别在于格式和尺寸。日常手帐的尺寸多样，而旅行手帐则尽可能小巧便携。**根据具体使用需求将旅行手帐本分为三种类型，分别是便携式、活页式和专业级手帐本。**

2.1.1 便携式手帐本 ★★★★★

便携式手帐本最重要的特点是尺寸较小、便于携带。旅行时可以放入正常大小的书包或者旅行背包内，分量较轻让旅行没有负担。

便携式手帐本推荐尺寸：22cm×12cm（内芯 21cm×11cm）。

TN 旅行者手帐本标准款
封套：21.8cm×12.4cm
本芯：长 21cm×11cm

MIDORI 是日本顶级的文具品牌

TN（Traveler's Notebook）旅行者手帐本，封皮采用泰国牛皮，皮质手感非常好，可用多年，随着长时间使用，皮质色泽会发生改变，体现出时间的烙印。封套内可放 1 本或 3 本内芯。

MIDORI TN 旅行者手帐本封套颜色有黑色、茶色、驼色和蓝色四种常规色。尺寸有标准款和护照款，护照款只要标准款的一半，拼贴面积较小。

芯陌日式毛毡手帐本

封套为纯羊毛材质，配有三本本芯，可单独购买牛皮纸收纳夹或透明 OPP 收纳夹。

芯陌日式毛毡手帐本封套有红色、绿色、浅灰色和深灰色四种常规色。尺寸有标准款、随身款、护照款可选。

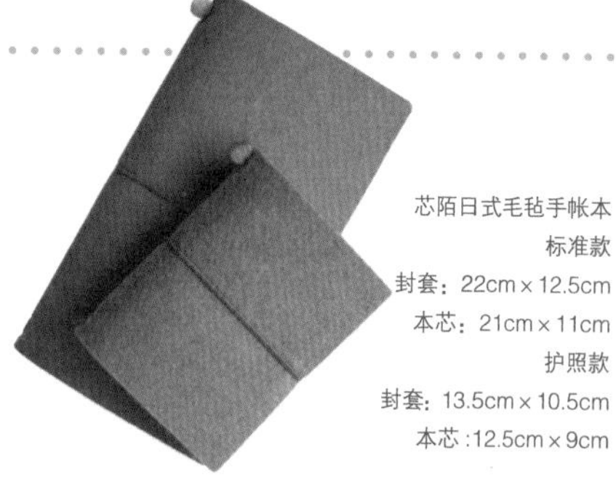

芯陌日式毛毡手帐本
标准款
封套：22cm×12.5cm
本芯：21cm×11cm
护照款
封套：13.5cm×10.5cm
本芯 :12.5cm×9cm

芯陌韩式简约手帐本

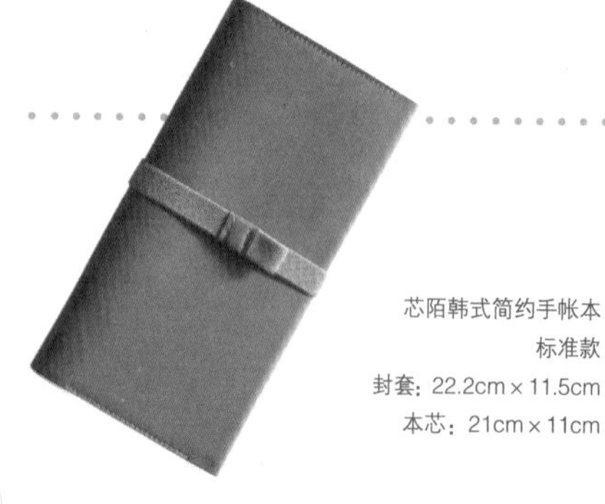

芯陌韩式简约手帐本
标准款
封套：22.2cm×11.5cm
本芯：21cm×11cm

封套为高级细纹变色革材质，手感柔软舒适，外有松紧护封笔插，封套内自带插卡槽与收纳设计，可放两本内芯。

芯陌韩式简约手帐本封套有九种颜色，尺寸有标准款和随身款。

手帐本本芯样式和纸张

> 功能本芯

印有年月日，有一日一页或周计划等固定格式。因为旅行时间的不确定性，日期、行程均属未知状态，使用固定格式本芯会使旅行内容产生混乱。所以不适合作为旅行手帐本使用。

> 圆点、方格本芯

最实用方便的手帐本格式。圆点和方格可作为隐形的标尺，方便确定文字和图片的位置、大小及对称等需求，便于控制页面版式。

> 白色、牛皮纸本芯

页面不受固定格式限制，可随意绘画和书写。牛皮纸非常适合制作复古、欧式风格的手帐。

> 混合本芯

本芯多为牛皮纸、硫酸纸、特种纸和空白纸等组合而成，可以满足有更多创意需求的手帐人士。

便携式手帐本优点

封面
牛皮、纸质、仿皮等多种材质

本芯
可以增加或减少本芯数量

格式
方格、圆点、横线等

纸张
白纸、牛皮纸、特种纸等

跨页
本芯展开 180°跨页拼贴

便携式手帐本缺点

装订
多为骑马钉容易脱页

本芯
拼贴过多容易“爆本”

纸张
厚度所限容易透墨

☑ 便携式手帐本有骑马订和线装两种装订方式，购买时请选择线装手帐本，不易发生脱页现象。

☑ 使用马克笔上色时，可在其他纸张上画好之后剪下画面使用。如直接上色，局部发生透墨，可以使用贴纸遮盖背面透墨部分，大面积透墨可粘贴相邻页面。

2.1.2 活页式手帐本 ★★★☆☆

活页式手帐本是由封皮、活页夹（或铁环、线圈）纸张组成的手帐本。内芯纸张可自由增减或更换，有多种尺寸可选，本芯有功能本芯（月计划、周计划、通讯录、日历）和空白本芯等。

活页式手帐本推荐尺寸：A6 手帐本。

国产品牌艺之笔日式麻面活页本

此本名为素描速写本，可用作手帐本或剪贴本。封面为素雅的亚麻材质，手感很好，本芯纸张采用大千素描纸浆制作而成，纸张厚度约 160g 左右，内装 60 页，装订方式为钢环。这种本芯对素描和水彩都可以驾驭，几乎不用担心透墨的问题。

艺之笔日式麻面活页本有四种常规尺寸：

五环 8K（38cm × 26.5cm）

四环 A4（38.5cm × 26cm）

三环 16K（26.5cm × 19cm）

两环 32K（19cm × 13cm）

其中四环 A4 尺寸适合用作剪贴本，两环 32K 尺寸适合旅行手帐使用。

芯陌镭射活页手帐本

封套为特殊合成 PVC 材质，随着光线的变化，封面呈现出不同的颜色。防水防尘，暗扣设计坚固耐用。纸张为 100g 象牙白报刊纸，内芯可选方格、空白、圆点或横线。

芯陌镭射活页手帐本有 A6/A5 两种尺寸。

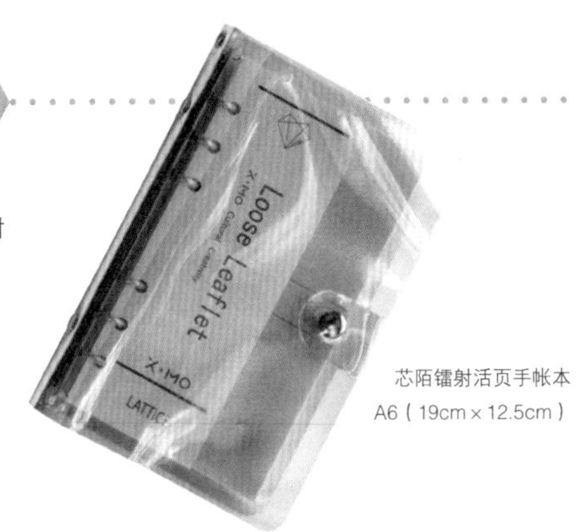

芯陌镭射活页手帐本
A6（19cm × 12.5cm）

芯陌韩式小清新布面活页手帐本

封套为布艺 PU 材质，配有 80 张内页和分隔页，封套内有插卡和收纳部分。金属纽扣耐磨耐用，圆角切边，防止内页褶皱。

芯陌日式毛毡手帐本封套有青碧、斥染、白橡三种颜色，尺寸主要为 A6。

芯陌韩式小清新
布面活页手帐本
A6（19cm × 12.5cm）

活页式手帐本优点

封面
皮质、布面、PVC 多种材质

本芯
可增加或减少本芯页数

格式
方格、圆点、横线等

页数
可调换页面顺序

装订
拼贴过多也不易“爆本”

活页式手帐本缺点

装订
活页夹分量过重

本芯
无法满足跨页拼贴设计

纸张
经常翻阅容易脱页

书写
书写左页会有一定阻碍

保存
替换下来的本芯不便于保存

2.1.3 专业级手帐本 ★★★★★

专业级手帐本中手帐纸的克数、纹理都与日常手帐本不同，主要满足对绘画有较高要求的专业人士。专业级手帐本纸张为棉浆纸，纸张克数最高可达 300g，有多种尺寸可供选择，多有绷带固定，跨页使用更轻松，可满足不同绘画形式。

专业级手帐本推荐尺寸：长 21cm × 宽 13cm。

Moleskine 硬面笔记本

Moleskine 在 20 世纪就成为了欧洲艺术家和知识分子钟爱的笔记本。（如梵高、毕加索、海明威等）Moleskine 封面为硬面材质，手感舒适，耐用耐磨，不易褶皱。经典的橡皮筋箍环设计，保护笔记本不受损坏。封面除经典的黑色之外，也时常与国际品牌合作极具创意的限量版笔记本，比如小王子主题等。

Moleskine 硬面水彩手帐画册（黑色 5635）21cm × 13cm
穷游网 +Moleskine 限量款手帐本（绿色）21cm × 13cm

遵爵丢勒水彩手帐本

封面是 PU 硬面材质，不易产生划痕。纸张为木浆 300g，有中粗和细纹质地可供选择，吸水能力强。锁线装订，绘画顺手，携带方便。

封面有黑色、灰色和蓝色三种颜色。遵爵丢勒水彩手帐本有大、中、小三种规格。

遵爵丢勒水彩手帐本
中号中粗纹（12cm×16cm）
小号中粗纹（9cm×14cm）

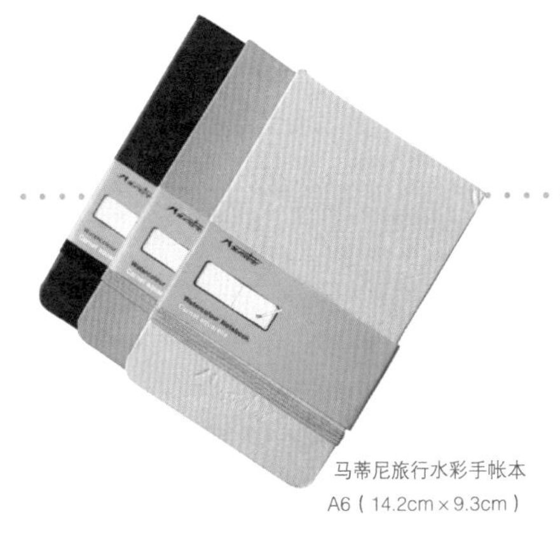

马蒂尼旅行水彩手帐本
A6（14.2cm×9.3cm）

马蒂尼旅行水彩手帐本

封面为黑色经典仿皮材质，纸质为 300g 混棉木浆水彩纸，细纹纹理，有良好的吸水性，显色性能佳。内有撕线设计，绘画完成后便于完整保留作品。风琴口袋设计，可放置小卡片和纸条。

封面有黑色、蓝色和粉色。

专业级手帐本优点

纸张
棉浆、木浆、混棉木浆可选择

装订
锁线装订
跨页绘画

裁切
多品牌手帐本
纸张撕线设计

携带
弹性伸缩束带
避免散开

定制
根据个人喜好
私人定制

专业级手帐本缺点

尺寸
特殊尺寸
不便于携带

纸张
中粗以上纹理
书写不够顺滑

2.2 写字笔

如没有特殊要求，手帐写字用笔完全可以根据个人喜好选择。其中圆珠笔和中性笔这两种最常见的笔就不在此介绍了，选择常用品牌就好。钢笔不便于旅行时携带，故不作推荐。

2.2.1 用于标题和注解的秀丽笔

★★★★☆

秀丽笔是一种书法笔，也称软笔，但结构与毛笔完全不同。秀丽笔笔锋柔韧有弹性，写出来的字有笔锋，出墨均匀，很好书写，适用于书法中小楷、签字、绘画均可，在手帐中常用来书写标题。

秀丽笔的握笔方式和钢笔、铅笔及签字笔均相同。**秀丽笔笔芯为水性颜料，遇水、水性马克笔及水彩颜料不会晕色，也不会遮盖，但遇到丙烯马克笔颜色会被覆盖。**

TOYO 东洋秀丽笔（百丽笔）

线条流畅，粗细自如不断墨。选用的油墨快干且防水。具有毛笔的特性，适合一般的楷书和标题。东洋秀丽笔有小楷、中楷、大楷三种规格，多为国产品牌，价格经济实惠。

日本吴竹 Kuretake 美文笔（Bimoji 系列）

水性颜料，笔尖有弹性，书写更顺滑，笔杆设计合理，握笔舒适，根据粗细书写不同内文和标题。

笔尖有四种规格，分别为极细（0.3~1.0mm）、细字（0.5~1.5mm）、中字（0.6~3.0mm）、太字（1.0~5.0mm）、毛笔中字（0.5~8.0mm）。

根据个人写字习惯购买一两款即可，价格比同类产品略贵（日本吴竹 Kuretake 还有一种名为 Cocoiro 系列的中性笔，请注意区分）。

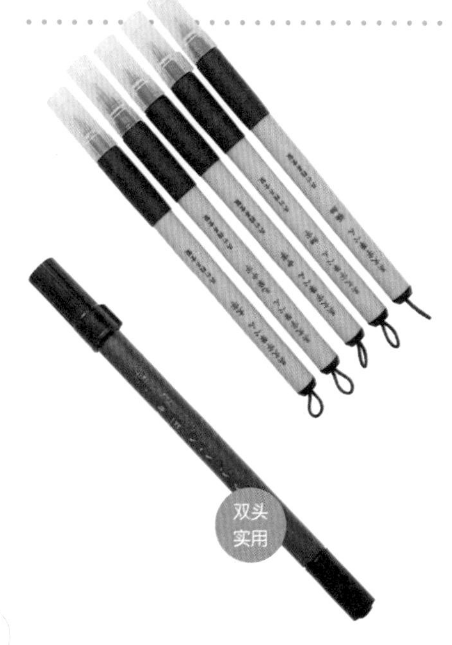

日本吴竹 Kuretake

两端不同粗细的书写用笔，笔身轻巧，易于书写。中字 + 细字，携带更为方便。中字硬笔书写线宽 1.4~2.7mm; 细字硬笔书写线宽 0.5~1.5mm。

2.2.2 用于内文和起稿的针管笔

★★★★★

日常生活中使用的中性笔，多数不具备防水功能。如果喜欢在手帐中使用水性颜料或水彩，可以选择一支防水针管笔。

针管笔笔尖粗细有很多选择，颜色也很丰富。针管笔遇水和咖啡等均不会晕色，防水性能极佳，多用于内文和起稿。

日本樱花 Sakura 防水针管笔

黑色针管笔：采用耐水性颜料作为墨液，耐水性和耐光性好。出水顺畅，物美价廉，性价比高。通常 0.3 和 0.5 作为写字笔、速写笔使用，1.0 软头和软笔用来书写标题，粗细共有 11 种规格。

彩色针管笔：共有 14 种颜色可选，粗细有 2 种规格（01、0.5）。（棕色针管笔画钢笔淡彩，画面整体看起来更柔和）

德国施德楼 Staedtler 针管笔（防水）

黑色 308 针管笔（防水）：具有 Cap-off 技术，连续 18 小时不盖笔帽，保持墨水不会挥发。不褪色、防水、防涂擦，防化学试剂，可用于写字、绘画、勾线等，出墨更均匀顺畅。粗细共有 12 种规格（0.5~2.0mm）。

彩色 334 针管笔（不防水）：颜色丰富书写顺畅，缺点是不具有 Cap-off 技术，书写后须及时盖笔帽，以免墨水挥发。遇水晕色，如作为水彩勾边使用，会有不一样的效果。粗细为 0.3mm，共有 50 种颜色。

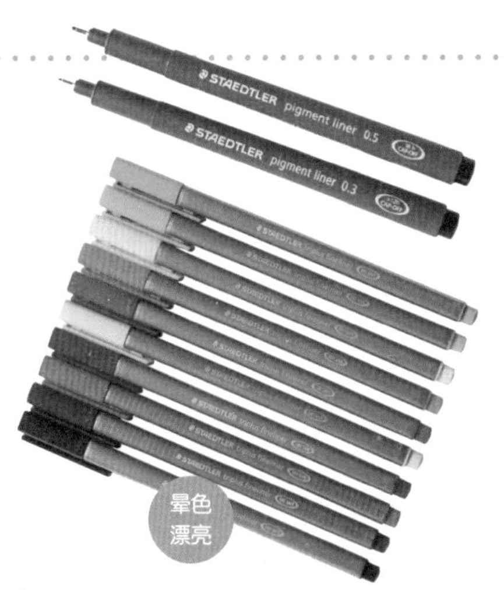

日本 Copic 进口防水针管笔

笔杆材质手感非常好，墨水量充沛，笔头不容易内缩，坚固耐用。无论黑色或者彩色均防水、防酒精，可以配合马克笔、水彩使用，不会晕色。粗细共有 12 种规格，颜色共有 10 种，多为冷色系。

2.2.3 可写、可画的新毛笔

★★★★☆

彩色新毛笔是一种性价比很高的漫画毛笔，在手帐中既适合水彩画又适合水墨画，书写小楷、美术字也非常轻松。笔头材质为纤维软 PBT 毛，弹性好，使用时不用担心笔端分叉。

新毛笔还可调色、可晕色，晕色时可先在纸张着色部分涂上水，然后用彩色新毛笔上色，可得到与水彩画相似的渲染效果。

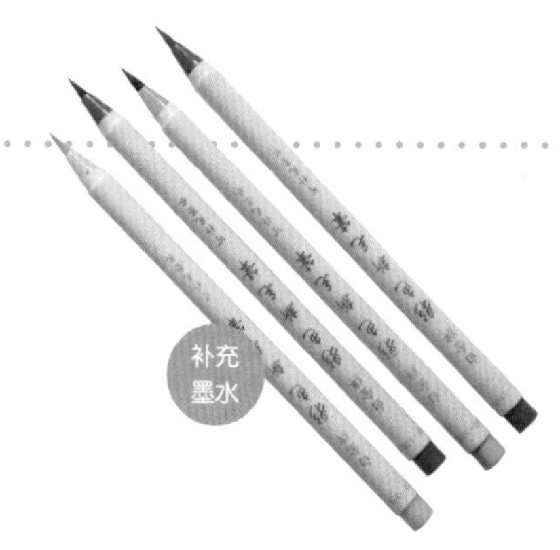

日本 Platinum 白金牌彩色新毛笔

优质 ABS 笔杆，坚固耐用，笔毛为人造纤维毛，弹性好，书写时有笔锋，有传统毛笔的感觉，打开即可书写。颜色共有 7、14、20 色可选，两色相叠可变成中间色。白金牌新毛笔可单独购买墨水瓶补充颜料，环保又实惠。

吴竹 Kuretake 水彩笔（RB-6000AT）

笔尖柔软有弹性，能随意发挥创作。使用时笔尖处蘸水会产生多层次的颜色。颜色非常丰富，有 4 色 ABCD 四款，还有 6、12、14、36、48、60、90 色可以选择。

此产品为一次性产品，不可以补充墨水。

日本樱花奈良笔匠 Akashiya 水彩毛笔

樱花奈良笔匠水彩毛笔墨水颜料按照日本传统绘画颜料的性质和特点所制成，颜色饱满鲜艳、纯度高，不易褪色，尼龙软毛弹性好，出水流畅。

适用于水彩、漫画、手绘插画等。颜色分春、夏、秋、冬四季，每个季节 5 种颜色，共 20 种颜色。

此产品为一次性产品，不可以补充墨水。

2.2.4 用于页面装饰的专用笔

★★★★☆

金银笔通常称为“金属笔”或“高光笔”，在手帐中主要用来书写贺卡或祝福类内容，亦可修饰画面使用，白色高光笔在深色纸张中表现更为明显。多数品牌以金、银、白三色为主，德国施德楼金属笔共有五色，可以满足更多绘画需求。

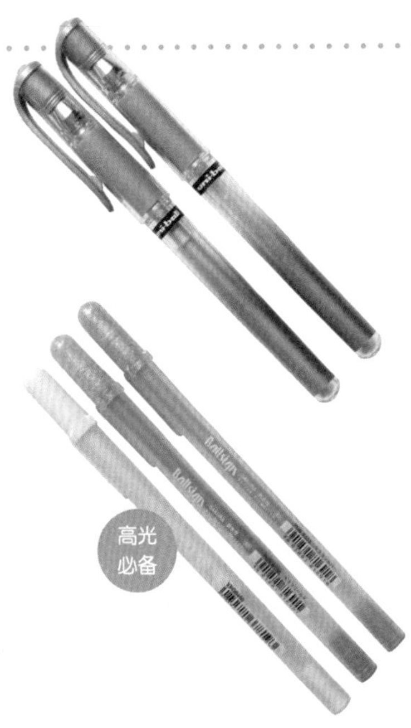

日本 UNI 三菱太字高光笔（UM-153）

在浅色及深色纸张中都有很好的表现，墨水有很强的覆盖力，完全防水，书写顺畅，除装饰手帐外，书写字体过小时，也不会模糊。有金色、银色、白色，共三色。太字笔粗细为 1.0mm。

日本 Sakura 樱花水漾高光笔

墨水覆盖性好，绘画书写流畅不断墨，在深色底上描绘颜色更加亮丽，除常规金、银、白三色之外，还有七种珠光色高光笔，非常适合制作贺卡和标题。05 号线宽 0.4mm，08 号线宽 0.5mm，10 号线宽 0.6mm。

德国施德楼 Staedtler 金属记号笔

适用于在深色或者浅色的纸张上进行书写和装饰，非常适合制作贺卡或装饰节日气氛的画面，防水、防晒、出墨流畅。颜色除常见的金色、银色外，还有红色、蓝色、绿色、紫色，粗细为 1 ~ 2mm。

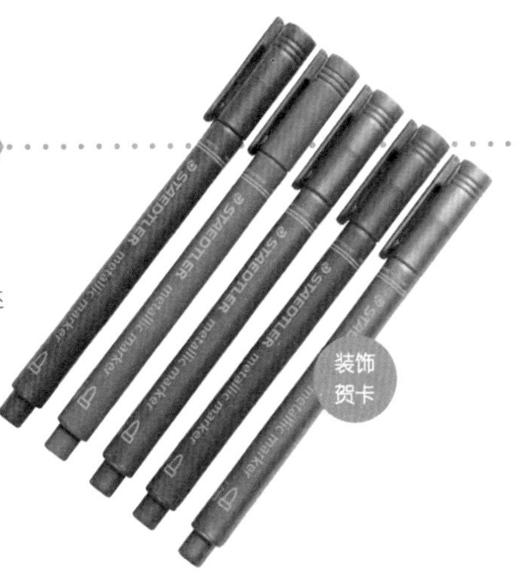

2.3 绘画工具

要想手帐画面色彩丰富，除了借用纸胶带和贴纸、便签，更少不了多种绘画颜料的支持。马克笔、彩铅、蜡笔和水彩是手帐中最为常见的绘画工具，而其中水彩是笔者个人手帐中最常使用的绘画颜料。

2.3.1 马克笔

★★☆☆☆

马克笔是一种常见的书写或绘画专用的彩色绘图笔，本身含有墨水，具有易挥发的特性，用于一次性快速绘图。

马克笔分为酒精油性马克笔、水溶性马克笔、丙烯马克笔。这三种马克笔的颜色、特性和性状均有很大区别，共性是有很强的渗透力，一般普通手帐本的纸张均会渗透。（初学者不易掌握）

斯塔 STA 水溶性马克笔（3110）

水性颜料墨水，无气味，绿色环保。适用于较厚纸张，颜色可蘸水化开，颜色叠加过多时会偏灰，并对纸张有一定磨损。笔头有单头和双头设计，有粗细多种组合（圆头、斜头、微孔笔尖、毛笔笔尖），色彩丰富，颜色鲜艳，并有多种套装系列可供选择。最多可达 80 种颜色。

日本 UNI 三菱马克笔（也称丙烯笔）

笔头为 PET 纤维，笔头圆润，宽幅适中。色彩鲜艳、亮丽，覆盖力较强，叠涂在各种底色上都能高度维持原色。水性颜料墨水，绿色环保，遇水不晕色，颜色不会渗透到纸张背面。使用前需要先摇晃笔杆，再将笔尖垂直按压出墨，密闭性好，久不使用也不易堵塞笔尖。可绘于纸张，也可用于金属、塑料、玻璃、布料等特殊材质。

得力双头马克笔（动漫 108 色）

油性马克笔的墨水因为含有油精成分，故味道比较刺鼻，较容易挥发，防水环保。笔头有单头和双头之分，粗细有圆头和斜头之分，颜色丰富，色彩饱和度高，混色效果出众，过渡比较自然。

颜色按照专业类别有非常详细的区分，包括动漫、服装、室内、园林设计等专业用色，满足不同专业绘画人士需求。

2.3.2 彩铅笔 ★★★☆☆

彩铅笔分为油性彩铅和水溶性彩铅。这两种彩铅在未蘸水的情况下，画出来的效果没有太大差别，若水溶性彩铅绘画后，可使用毛笔蘸清水将彩铅画面进行晕色，会出现水彩的绘画效果。

每种品牌的彩铅硬度各不相同，彩铅硬度大或纸张过于光滑，都会影响彩铅的上色难度。需要大面积涂色时，所需时间会更长。

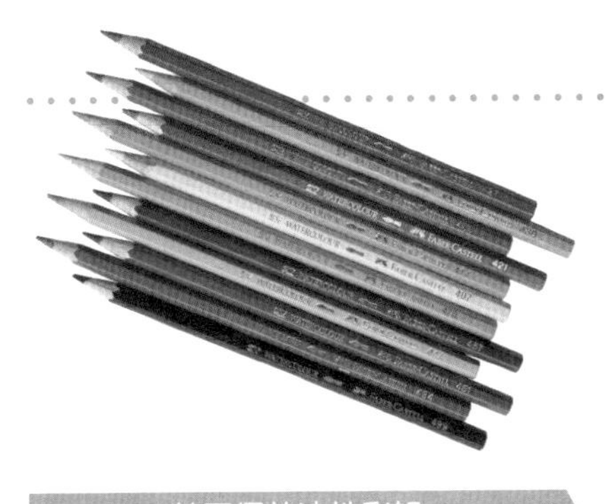

德国辉柏嘉水溶性彩铅

矿物质彩芯，色彩鲜艳，硬度适中易上色，水溶性佳，搭配水彩笔使用，可绘画出水彩质感。有12、24、36、48色可选，性价比高，非常适合初学者使用。

Derwent 英国得韵油性彩铅

得韵彩铅有多种系列可供选择，有水溶性彩铅、色粉彩铅、水溶性水墨彩铅、艺术家高级彩色铅笔和油性彩铅，满足更多绘画者的需求。此款油性彩铅颜色为自然色，适合绘画颜色鲜明的野生绘画和自然写真画。色彩细腻，顺滑流畅，可以轻易混色叠色，营造出独有的色调。

2.3.3 油画棒 ★★★☆☆

油画棒是由不干性油、颜料、碳酸钙和软质蜡所组成的。

油画棒没有渗透性，靠附着力固定在纸张上，不适合过于光滑的纸张，由材料性质所限，不易刻画出画面细节。

日本樱花 Sakura 油画棒

色彩鲜艳，覆盖性好，颜色有油画棒的厚重感，上色润滑顺畅，绘画过程中可以多种颜色叠加或是刮除。油画棒不易折断，不易损耗。规格有12、16、25、36、50色。符合AP质量检测标准，是安全放心的油画棒，适合儿童使用。

2.3.4 水彩 ★★★★★

水彩以水为媒介调和颜料作画，颜料本身具有透明性，叠色会发生颜色变化，只需在绘画时注意水分的控制，以免发生纸张褶皱和透色问题，大部分手帐本的厚度都可使用水彩颜料。水彩颜料形态分为固体水彩和管状水彩。

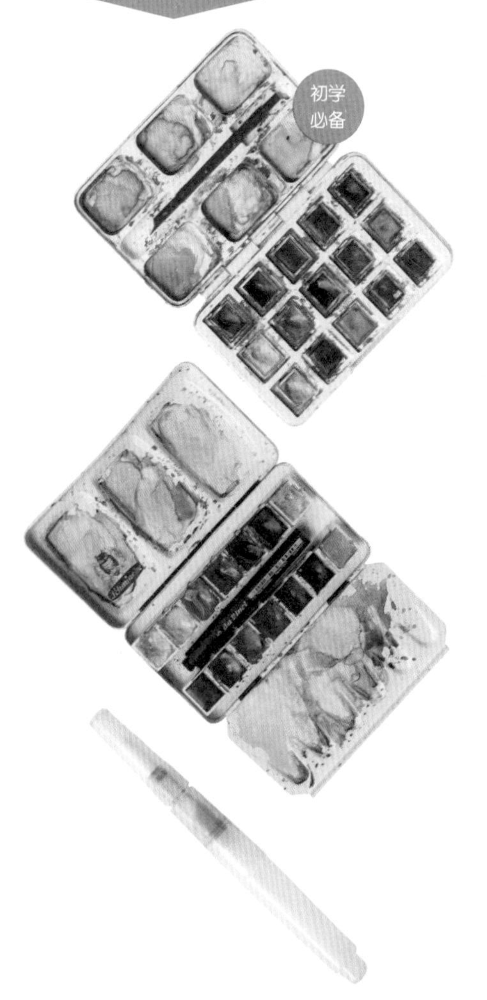

VanGogh 梵高固体水彩

颜色饱和度高，具有良好的透明度，颜色扩散性和混色效果适中。包装有塑料盒和铁盒材质，塑料盒轻便，铁盒质感好。颜色有 12、18、24 色，携带方便，性价比较高，非常适合初学者使用。

德国史明克大师级固体水彩

颜色稳重，质感细腻，颜色扩散性和混色效果极佳，透明度高。铁盒背部拉环，便于旅行时进行绘画创作。颜色有 10、12、24、48 色可选择，非常适合专业绘画者和水彩热衷者。价格略贵，也可选用史明克学院级固体水彩。

日本 Sakura 樱花自来水笔

笔身为塑料材质，笔毛采用纤维毛，不易脱毛。笔身细纹有效防止手滑。将笔管内装满自来水，使用时轻轻挤压笔管，笔尖出水，进行调色创作或洗笔，省去打水的不便。笔杆透明，便于观察笔管内水的多少。体积小，携带方便。

固体水彩：水彩独立成盒，自带调色区域和折叠水彩笔，便于旅行携带和保存，长期搁置不易脱胶。规格有全块和半块区分，颜色可根据使用情况和需求，单独购买色块更换或添加。颜料为固体形态，使用湿润的水彩笔蘸取颜料。

温莎牛顿歌文水彩

颜色饱满纯正，通透明亮，扩散性和透明度较好，混色均匀。颜色可单支购买，性价比高，适合初学者使用。

日本 Holbein 荷尔拜因管状水彩

颜色亮丽饱和度高，有良好的透明性，耐光性强，不易褪色、质地细腻。能呈现层次分明的叠色，密封性好不易干裂。

美国丹尼尔史密斯大师级管状水彩

颜料多为矿物质研磨，色彩绚丽，质地细腻流畅，扩散性极佳。颜色共分三个系列，七个等级，色彩种类多达两百多种，每个级别单支的售价均不同，价格略贵，适合专业绘画人士。

水彩颜料分装空铁盒

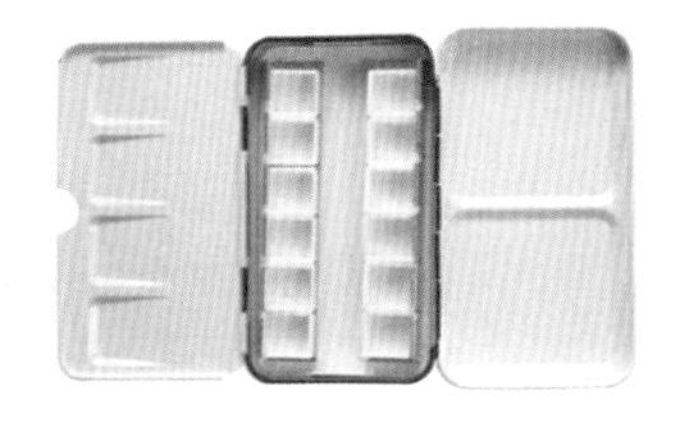

搪瓷烤漆盒身，表面耐化学腐蚀。单独购买固体颜料半块或全块装入，也可购买白色空格挤入管状水彩颜料添加成盒，便于旅行时携带。

规格有大、中、小号。小号尺寸：长 12cm，宽 7.5cm（展开为 20.7cm），高 2.4cm，重约 95g。

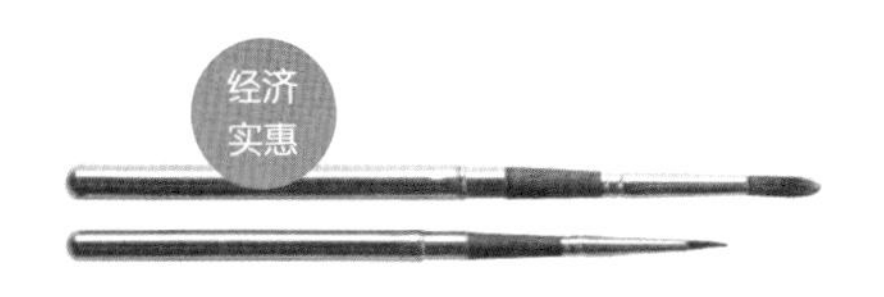

韩国 Hwahong 华虹 356 旅行口袋笔

尼龙毛笔头，吸水性和弹性都较好，木质笔握 + 金属笔杆，笔杆笔头分离设计便于折叠收纳。尼龙笔共有 0 ~ 4 号五种型号，选择大、小两支水彩笔即可。

管状水彩：颜料为液体状态，蘸取颜料非常方便。规格有 5ml、10ml、15ml 不等。管状水彩需要单独购买水彩盒，不使用时建议将颜色表面打湿，放置阴凉处，避免颜料凝固影响日后使用。

网上可购买不同品牌的"水彩颜料分装版"，方便初学者和颜料试用者使用，经济划算。

2.4 小工具

和纸胶带，易撕易取

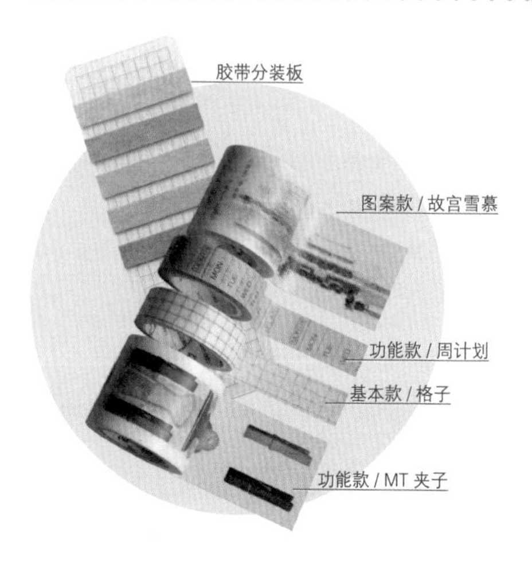

功能款以实用为主——胶带主题如天气、夹子、周计划等，为照片、票据营造出逼真的视觉效果的夹子胶带。周计划胶带让行程更清晰。

基本款为修饰画面——胶带以纯色、条纹、方格、圆点等为主，可用作页面底纹、内容边框线、修饰标题等。

图案款为营造气氛——胶带主题如人物、美食、风景、植物等，图案款胶带可以让页面的色彩、内容更丰富。

纸胶带分装板——携带大量的纸胶带难免会增加旅行负担。出发前挑选出符合旅行风格的纸胶带，将其缠绕在胶带分装板上，可以节省行李箱的空间。

纸品装饰，省时省力

便笺纸——颜色、风格种类繁多，使用便签纸可以在旅行中记录文字，并粘贴在手帐中。

便利贴——通常尺寸稍小，有小面积背胶。多用于标记或说明文字。

背景纸——通常尺寸较大，纸面图案元素较多，让手帐视觉更为丰富。有时可以用手撕背景纸的方式制作出不一样的肌理效果。

贴纸——几乎可以满足各种风格图案上的需求，特别适合没时间绘画或无绘画基础的手帐人士使用，可以轻松贴出完美手帐。符合旅行手帐主题的贴纸是航空、天气、国家建筑、美食、人物、表情包等，贴纸最大的好处是可以避免过多的图案重复。

剪刀胶棒、完美搭档

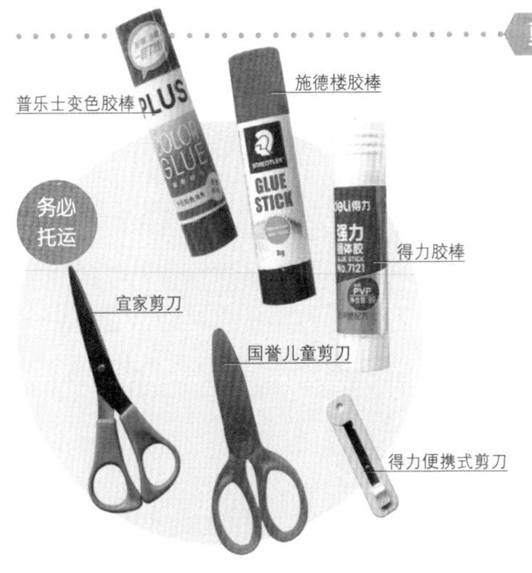

剪刀——遇到造型或材料都比较特殊的画面，需要借助于剪刀剪裁画面。

（特别提醒：携带剪刀在乘坐火车、飞机时需要托运，以免被没收。）

儿童剪刀——圆角刀尖，树脂材料，儿童可以安心使用。除特殊材质或厚度的纸板外，普通纸张都可以轻松应对。

固体胶棒——适用于各种纸张。变色胶棒刚开始涂抹时带有颜色，干后变为透明色，贴哪涂哪，一目了然。

铅笔、橡皮、尺子、卷笔刀、起稿四宝

铅笔——用于画面起稿、版式绘制。2B 铅笔硬度粗细适中，也可使用 0.5mm 自动铅笔。使用铅笔务必记得购买卷笔刀。

橡皮——块状橡皮、笔状橡皮和可塑橡皮均可，其中可塑橡皮可以变形，适用于绘画起稿画错时，擦拭局部细节。

尺子——方便绘制表格、划分区域，购买有字母或图案的尺子，可以增加更多使用功能。铜尺质感好，但略重。

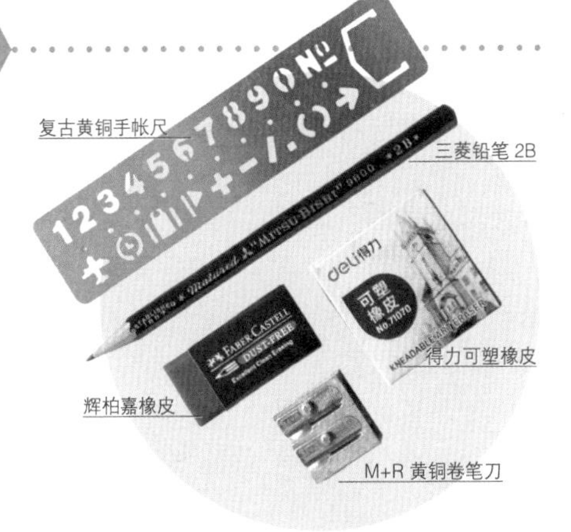

创意夹子、摆拍神器

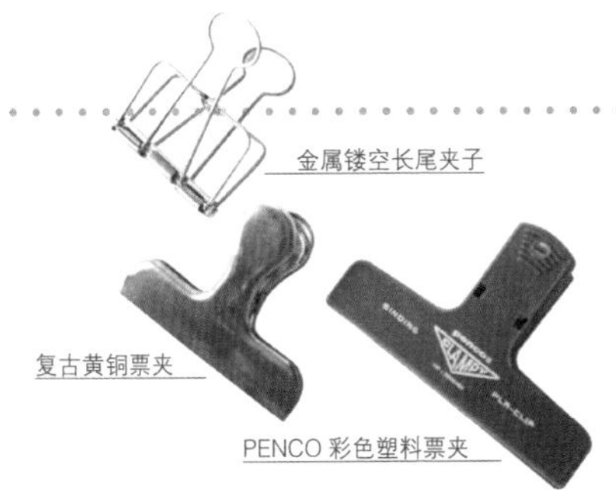

夹子可以使手帐页面保持平整状态，便于绘画和书写。也可以帮助手帐完成后进行摆拍装饰，让旅行手帐更好地呈现在照片中。

印章、印泥不分家

印章——有透明印章和木质印章两种材质。透明印章分量轻、便于携带，木质印章手感舒服、造型好看，体量大不便于携带，旅行回来后加盖即可。

印章图案众多，最常使用的有邮戳、邮票、数字和英文等印章，可用于加盖日期、英文标题的创作。也有许多花草、动物等装饰性较强的印章。

印泥——印泥的颜色有单色、渐变色、珠光色，使用时结合页面色调、印章图案选择印泥颜色。（使用水彩替代印泥，也会产生不一样的效果。）

进口辉柏嘉黏土

属于敏压胶，一般用于粘贴照片墙。在手帐中，此黏土主要用来粘贴硬币，附着力非常好，粘错位置也可以轻易拿取，无痕且不伤纸。黏土可反复使用，非常方便。

在旅行中容易被忽略掉的辅助工具

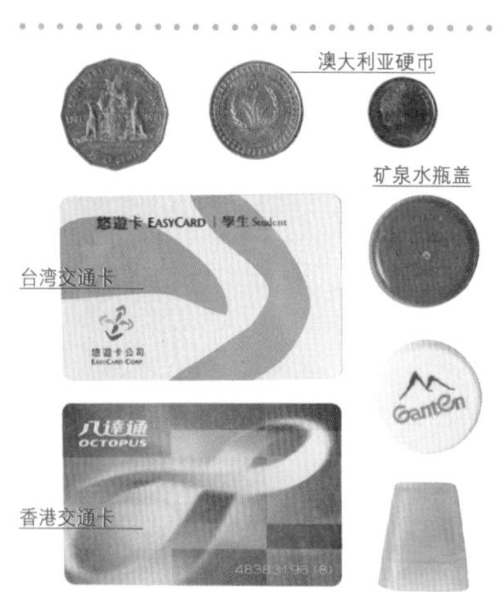

硬币——不同的国家硬币的图案、大小、形状都各不相同，硬币可充当印章将图案盖在手帐中装饰页面，也可以借用硬币形状，设计功能图标，增加发挥创意的空间。（可参照本书P111 页使用硬币制作小标签案例）

瓶盖——如果没有硬币，矿泉水瓶盖也是可以替代的工具。（废弃的矿泉水瓶还可以充当洗笔筒）

公交卡、信用卡——可以用来给照片或者图片添加边框，而且自带弧度，还可以代替尺子使用。

实时成像，粘贴入帐

拍立得——快速成像的相机，有很多种型号，造型可爱颜色丰富，尺寸小便于携带。可以随时拍下旅行中的美景美食，快速粘贴在手帐中，还可以购买边框贴纸进行照片装饰。

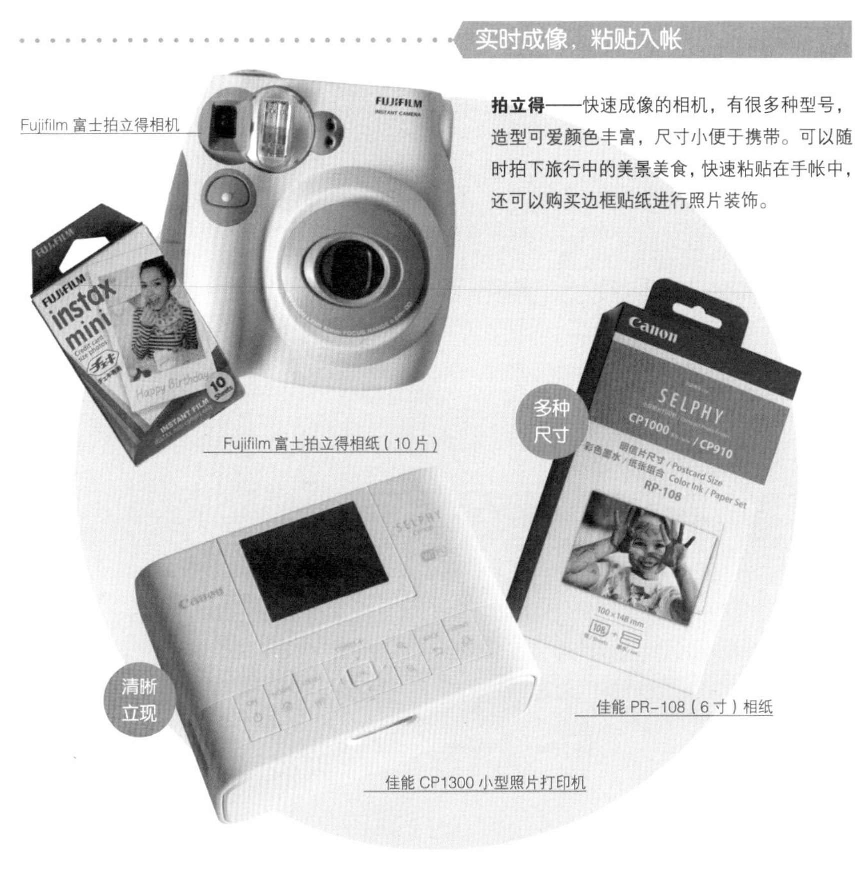

手机照片打印机——一种便携式的照片打印机，体积小，携带方便，通过 WIFI 或蓝牙链接手机相册，可修改照片风格、颜色、亮度再传输打印。（如果平时也习惯记录手帐，推荐佳能 CP1300 小型照片打印机，有多种照片尺寸可选，打印更清晰。）

Canon PRINT Inkjet/SELPHY

Canon Inc.

随时语音，方便记录

旅行中不方便书写文字又怕忘记所想内容时，可使用“讯飞语记”将想写的内容录音，App 可以自动将语音转换成文本，非常方便日后再将文字记录到手帐中。讯飞语记 App 还可以拍照识字和多国语言同声翻译。

讯飞语记——语音备忘录云笔记

Hefei Ifly Morningstar CO., LTD.

2014
睡遍全球
遇见别样生活 Live Other Life

lonely planet

携程攻略社区
YOU.CTRIP.COM

穷游™

chapter 3

用手帐记录旅行前的准备

当脑海中出现想去旅行的那一刻，旅行就已经开始了。

首先确定旅行目的地，然后搜索各大旅游网站、查看各类旅游书籍，寻找目的地的旅行攻略，再根据假期、费用制定旅行计划。

旅行前可以用手帐记录：

1. 目的地的重要信息
2. 设计旅行日程表
3. 携带物品和预算花费

EVENTS OF TODAY
RECORD LIFE
Date: / /
SPECIAL

旅行前的准备是开启美好旅行的第一步。

旅游网站：携程网、穷游网、去哪儿网、
同程网、马蜂窝网、途牛旅游
旅游书籍：Lonely Planet 旅行指南系列
旅游杂志：中国国家地理、时尚旅游、华夏地理

旅行手帐的重点！重点！重点！

旅行出发前，
提醒自己收集旅行中的所有纸制品。

旅行中离不开购物、美食、住宿、出行、游玩这五个内容。所有旅行内容的素材都可以在旅行中获得，不需要另行购买，任何一样都可能是旅行最好的证明。准备好收纳袋或大信封，将以下所有素材统统带回家。

购物	美食	住宿	出行	游玩
购物小票	餐厅折页	欢迎卡	旅游地图	名胜古迹门票
宣传册	外卖卡	信封	出租票	博物馆宣传册
商店名片	咖啡杯	便笺纸	飞机票	动物园折页
商品包装	餐巾纸	行李牌	行李托运	植物园树叶
吊牌	杯垫	房卡套	标签	各式卡片
钱币	酒标		火车票	
硬币	外卖袋		地铁票	
电话卡	面包包装纸		巴士票	
明信片	筷子套		船票	
邮票			马车票	
			交通卡	

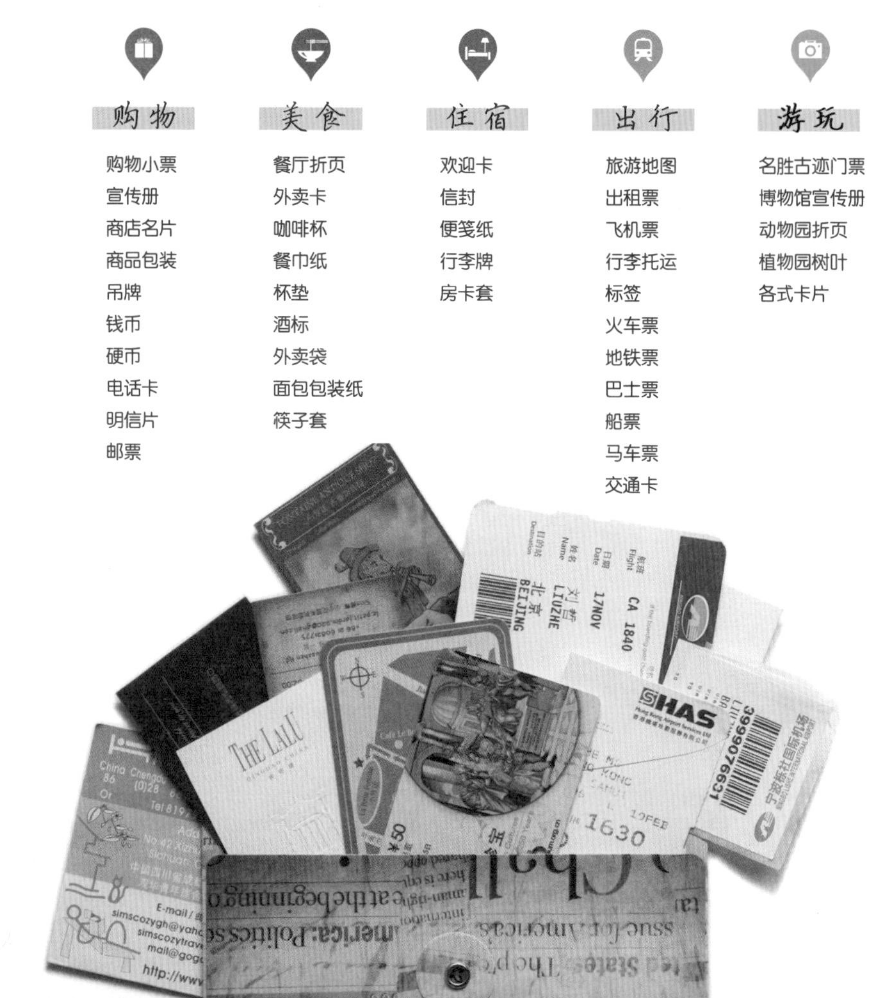

旅行进行中，利用碎片时间完成手帐页面。

何时记录文字

乘坐飞机、火车、地铁等交通工具，不方便书写和绘画时，可使用“讯飞语记”App 语音记录生成文字，也可以使用备忘录记录旅行文字，随后再写入手帐中。

何时拼贴上色

候机、等餐、酒店休息时，可以将收集来的纸品粘贴在手帐中，简单绘画和上色。未及时记录的页面，可使用铅笔在页脚处标注计划内容，等待后续再进行拼贴和绘画。

旅行归来后，及时整理归纳，避免拖延。

按照时间排序

将所有旅行中收集的纸制品整理后，先按旅行日期排序，再按每日事情发生时间排序。

分配页面

按照旅行内容进行页面的分配，主要内容多拼贴几页，次要内容可与其他内容共享页面。

集中记录

尽量在短时间内完成旅行手帐，避免拖延过久忘记旅行时所思所想，最后不了了之，产生挫败感。

3.1 了解目的地，用手帐记录重要信息

出发前，可以提前通过书籍、网络了解目的地的详细信息，如地理方面的时差、纬度、气候、平均气温等，文化方面的日常用语、宗教、风俗禁忌，还有当地美食、旅游纪念品，以及中国大使馆电话和地址等。从资料中筛选出重要信息记录在手帐中，方便旅行时查看。

1 手帐封面纸张略厚，适合将硬币粘贴在此处。

斯里兰卡旅行手帐封面

信封秒变收纳袋

版式：居中式 + 对角式

2 给每次旅行起一个标题，注意标题与其他文字的大小比例。

3 **划重点**

信封收纳袋使用过程中会产生一定厚度，建议信封贴在手帐首页或最后一页，便于书写内页文字。

斯里兰卡旅行目的地资料

借用信纸做页面分区

信封秒变收纳袋

通常旅行中需要一个收集素材的收纳袋，如果你的手帐本收纳设计不够理想，可以在旅行出发前使用信封制作收纳袋，顺便制作一个旅行封面。

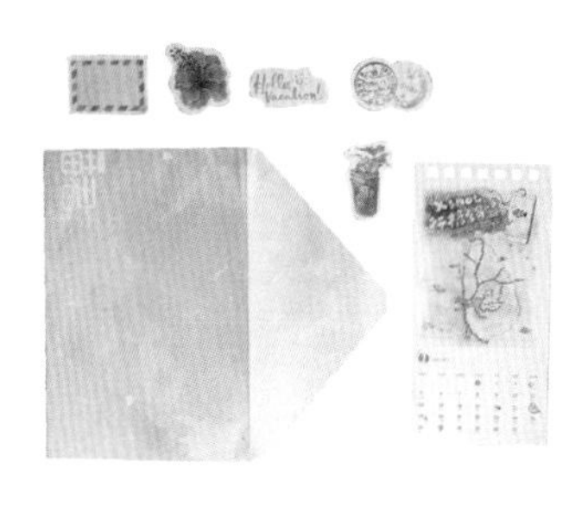

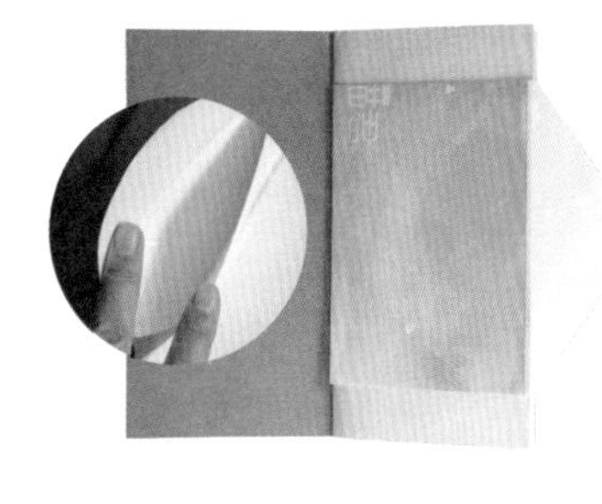

1. 斯里兰卡为海岛国家，根据目的地选择一个蓝色渐变的信封，宽度不超过 11cm（标准款手帐本宽度 11cm），并选择同色系的贴纸用来装饰信封正面。

2. 先将信封背面用胶棒涂抹均匀，粘贴在旅行手帐封面的位置上。这样旅行中收集的购物小票、景点门票、车票等纸质品，就可直接放入信封收纳袋中，方便整理、便于拿取。

借用信纸做页面分区

了解目的地后，想要记录的文字较多，根据每个内容文字的多少，对手帐页面进行区域划分，借用信纸或者便笺纸进行分隔是很好的方法。

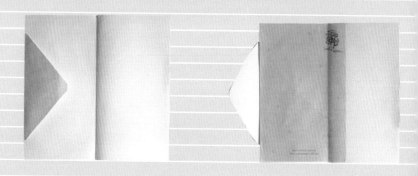

1. 使用信封制作好封面后，接下来的页面记录旅行目的地信息。首先，按照文字多少选择版式进行区域分割。

2. 信纸颜色参照目的地国家的颜色进行选择。70% 左右的斯里兰卡居民都信奉佛教，喜欢红色、黄色、白色等颜色，所以底图选择了黄色信纸。

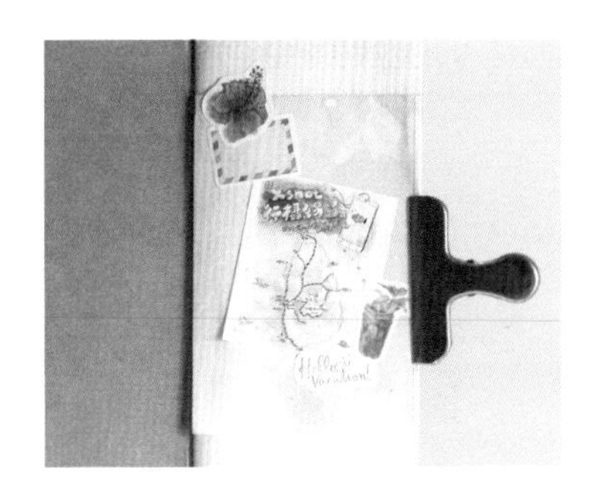

3 将手绘旅行封面粘贴在中间，蓝色信封作为封面的背景色，突出了有印度洋眼泪之称的斯里兰卡，选用色彩鲜艳的花朵、饮料贴纸进行页面整体装饰。

4 使用蓝色水彩颜料将信封上下部分涂上水波纹，让信封与纸张之间产生过渡色，营造海洋的气息。最后，写上旅行邀请函的信息。

划重点

避免使用双面胶，粘贴一年后会脱胶，并留下粘贴痕迹。

3 左侧为旅行往返航班信息，目的地注意事项和风俗禁忌。右侧为天气，服装和必备品，旅游纪念品。根据具体内容选择适合的贴纸，贴在内容标题的前面，作为视觉引导。
前页手帐制作信封收纳袋，信封折叠过来的三角空白区域，使用贴纸进行装饰或者标题设计。

4 运用颜色或字体、字号进行标题与内文的区隔，内容之间使用和纸胶带或点、线、图案等进行装饰。

3.2 确定行程，设计旅行日程表

旅行的出行方式有很多种，可以根据自己的需求和预算选择跟团游、自由行或私人定制。而旅行日程表也有多种样式，以“韩国首尔四日跟团游”为例，可以设计出两种样式的旅行日程表。

首尔地图

购物百货宣传册

德国施德楼针管笔

（彩色 334 不防水）

① 自由行或者私人订制旅行意味着每日行程尚未确定，在旅行出发前可以先画出每日表格，暂时不填写具体内容，在旅行中一边游玩一边填写。

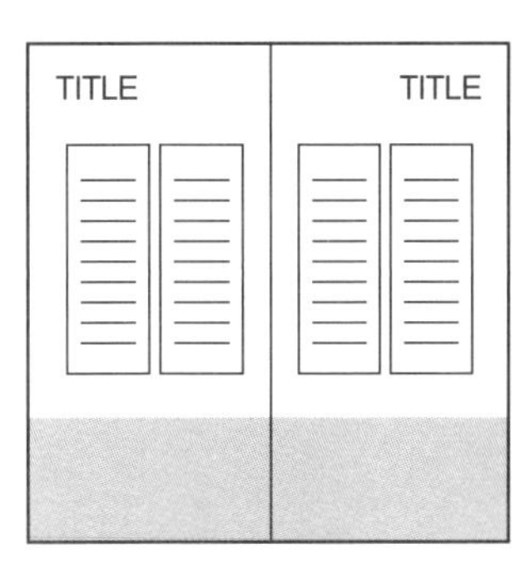

版式：对称式

韩国旅行四日行程表

表格为主的日程表

② 可以从网络中下载目的地图片，打印出来贴入手帐日程表中。

③ 跟团旅行意味着在出发前已经确定每日游玩的具体行程，可以提前制作旅行日程表，并填写具体内容。表格内容排序依次是旅行天数、日期、具体行程。

韩国旅行四日行程表

图案为主的日程表

表格为主的日程表

适合详细记录旅行中每日早、中、晚的具体行程安排。

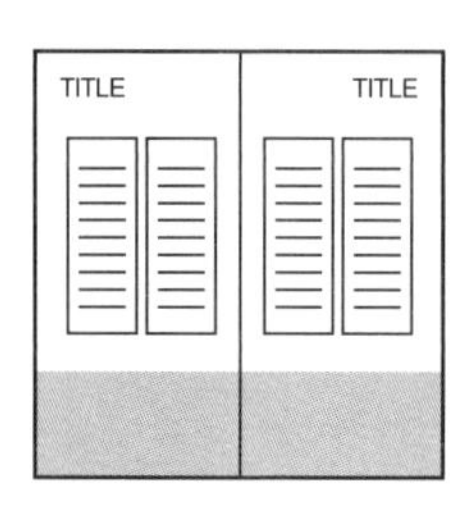

1. 旅行中希望详细记录每日行程，决定采用表格为主的排版方式。在手帐页面中划分日程表，每日表格尺寸可稍微大些，预留足够的书写区域。

2. 在旅行收集的素材中，选择符合此次旅行主题的画面，图案尺寸可满足跨页的需求。选择商场宣传册下方的城市建筑图和城市地图标语作为日程表内的主视觉。

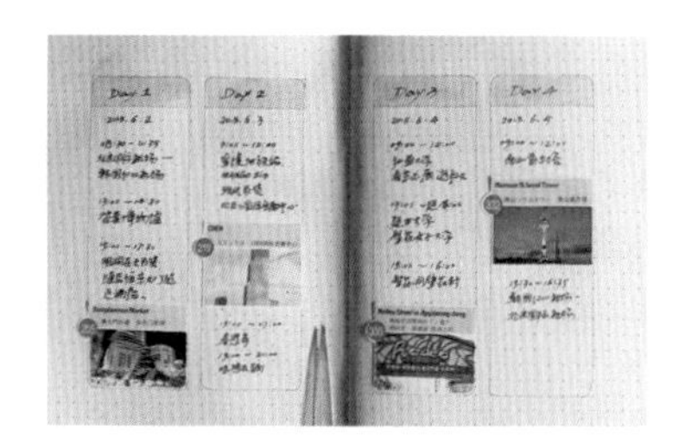

3. 将宣传册中的城市建筑图案剪下，避开表格，粘贴在页面下方空白区域，上部分为主标题区域。表格内容排序依次是旅行天数、日期和具体行程。

4. 每个表格第一排设计日程符号，便于引导查看行程内容。每日行程中，根据文字多少可适当添加对应照片，图片位置尽量错落有致，避免页面过于死板。

5. 整体页面为对称版式，页面左上角为英文“欢迎来到首尔”，对应的右上角粘贴韩国自由行的文字来相互映衬，让页面整体更协调。

6. 使用淡蓝色水彩为标题与城市建筑之间添加天空云层的背景，加强由上至下的连贯性，使得标语、表格和城市建筑之间显得更加协调。

图案为主的日程表

适合短途旅行，概括总结每日行程，即可选择图案为主的日程表。

1. 印有旅行日期的纸制品是最完美的素材，既省时省力，制作出的手帐效果也很好。
首先突出日历卡中6月2～5日为旅行日，其他日期需要进行遮盖。

2. 日历卡背面的女吉他手图案的面积刚好可以进行日历遮挡，确定手帐版式后，需要将演出日历卡正反两面进行分离。

3. 演出日历卡的颜色轻松活泼，粘贴到页面时可以略微倾斜，让人觉得随意又不太刻意。沿着女吉他手的轮廓剪下，遮住除旅行日之外的其他日期。

4. 剩下少数多余日期，参照主图照片的内容或风格，寻找合适的图片进行再次遮盖，图片尺寸不可超过主图，以免破坏主视觉。

5. 使用日期便笺纸，将每日内容写好后再粘贴在日期周围。在页面上方空白处添加一个完美的标题，让页面主题清晰明了。

划重点

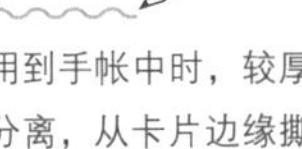

当素材的正反面都想运用到手帐中时，较厚的卡片可以实现正反面分离，从卡片边缘撕起比较容易，同时减少卡片在手帐中的厚度，避免“爆本”现象的发生。

3.3 用手帐记录携带物品和预算花费

了解目的地天气状况，确定行程天数后，就可以开始准备旅行物品。

如何使用手帐记录旅行物品?

首先将旅行物品分类整理后，使用简单的图形绘制行李箱、书包、洗漱包等必需品，在物品旁边标注内装哪些物品。也可使用相应的贴纸进行拼贴，让手帐更有趣，更可爱。

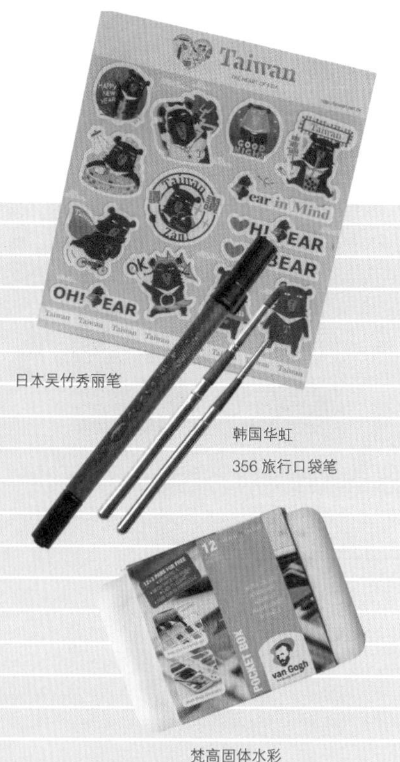

台湾“喔熊”贴纸

日本吴竹秀丽笔

韩国华虹

356 旅行口袋笔

梵高固体水彩

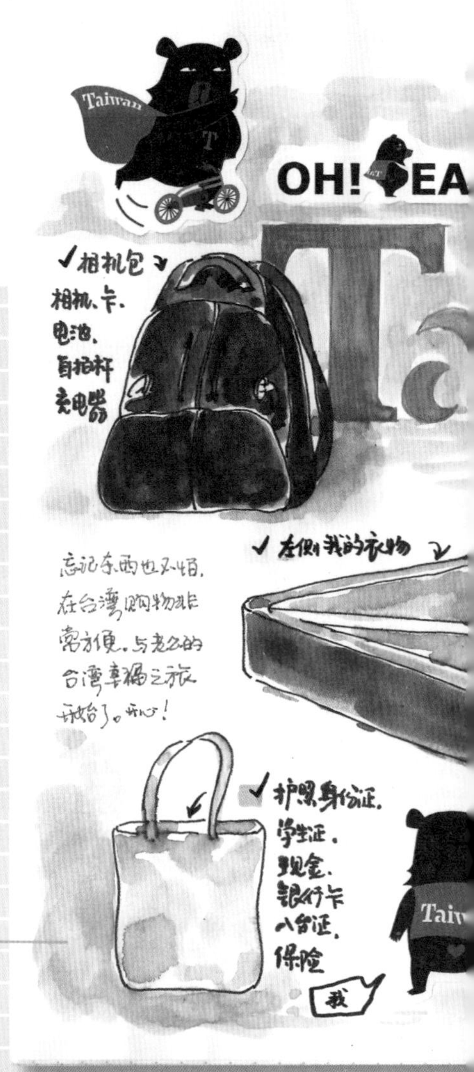

① 使用水彩颜料进行上色时，注意控制水分，避免纸张产生褶皱和渗透问题。

国庆台湾旅行物品清单

简笔画画出旅行装备

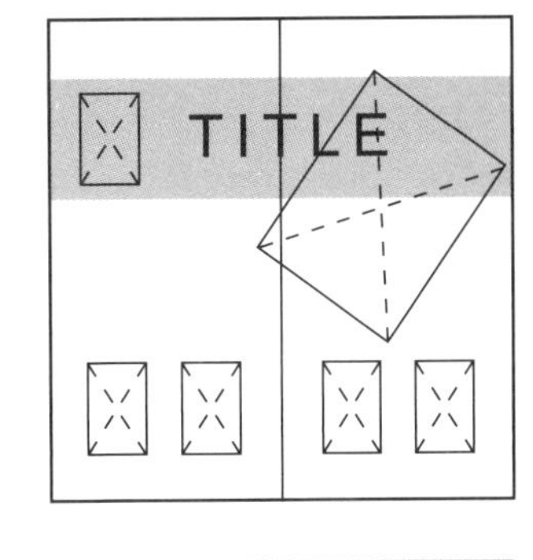

版式：对角式 + 对称式

2 旅行物品清单还可以使用表格、物品图标来表现。

韩国旅行物品清单

表格清单，一目了然

简笔画画出旅行装备

明确物品清单画面内容，行李箱、双肩包、洗漱包、随身包、标题、详细清单，先按照物品大小划分位置。

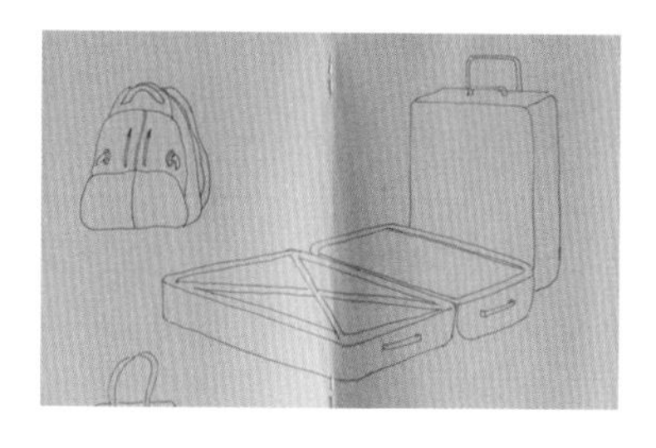

① 行李箱为主视觉，其他物品沿行李箱位置绘制，使用铅笔将所有物体的外轮廓画出来。再用棕色针管笔将铅笔稿画好的物体描边。

② 描边后，使用水彩颜料将物品上色，注意水分的控制，以免页面发生褶皱。

③ 行李箱与书包之间的空白区域，可以绘制标题。用铅笔画出台湾拼音，可随物体形状上下调整位置，营造页面的层次感。

④ 使用橙黄色为台湾的拼音上色，明确主色调，随着颜色的丰富，画面立刻亮丽起来。

⑤ 行李箱的色块颜色过重，使用“喔熊”贴纸进行修饰，使用大小相同的“喔熊”，充当旅行人物，增加画面的趣味性。

⑥ 背景使用黄色，突出台湾的拼音，在每个物品旁边标注详细物品清单。

预算表也可以很好看

1. 按具体内容划分区域。依次为机票、酒店、岛内交通、景点门票、一日三餐、礼物和其他，中间圆形部分为每项费用的饼状图。

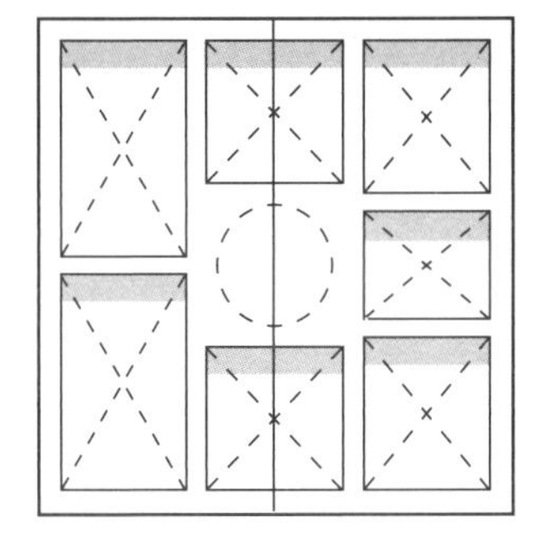

2. 使用图案适合的贴纸粘贴在每项内容前作为引导符号。将剪下的小贴纸粘贴在对应的内容标题处。

3. 使用新毛笔将每项内容标题和线框画好。

4. 在对应的标题中写入每项具体的费用和总和。按照每项费用的总和制作饼状图，饼状图的颜色与表格颜色一致。使用漂亮的贴纸装饰手帐页面，让页面灵动起来。

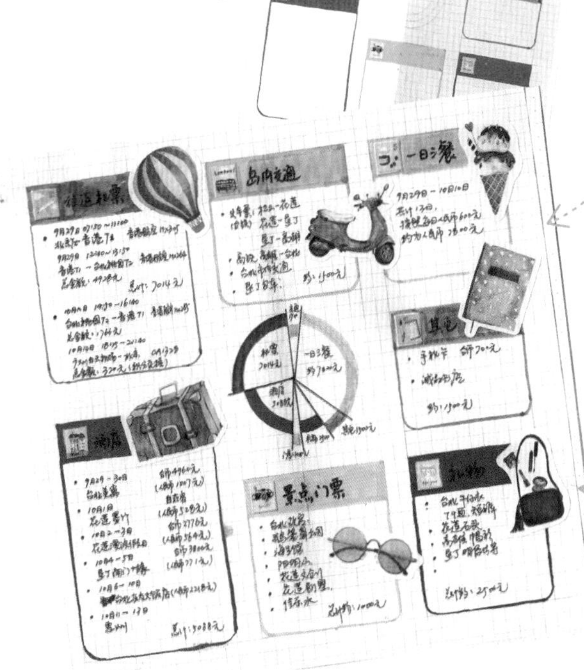

国庆节台湾旅行预算表

Roam with DhiMobile
No.1 Mobile Service in Maldives
Call home and share the joy
Club Med
SriLankan
FREE
Explore New Zealand
YHA NEW ZEALAND
YHA Accommodation Discount Voucher
$5 off
One night's accommodation for YHA New Zealand adult members at participating YHA Australia hostels
VOUCHER NUMBER: 12724
YHA AUSTRALIA
YHA New Zealand
Hostelling International Card
041 - 20224389
Zhe Liu
Category: International
Date of Birth: 20/10/1979
Nationality: China
Expiry: Nov 2015
Signature
Ocean Park
2012年 社區文化大使計劃
Hong Kong Disneyland
www.hongkongdisneyland.com
Memorable things that bring back the good old days.
令人懷念的昔日雜貨。
旅行台灣
Traveling in Taiwan
日常生活 | Daily Life
I ♥ TW
臺灣鐵道 貓咪列車
小心貓出沒
鐵道旅行
臺灣鐵道 對號特快
生日快樂
99.99

chapter 4

手帐中的衣食住行

无论你以何种方式去旅行，享受旅行所带来的那份开心，感受世界的美好，才是旅行中最值得纪念的事情。

旅行中离不开衣、食、住、行：

1. 穿搭 + 购物不分家
2. 遍地世界各地的美食餐厅
3. 浪漫的民宿和酒店
4. 承载记忆的交通出行

本章将旅行中的衣、食、住、行可能收集到的所有素材整理出详细的手帐制作过程，可以轻松解决制作旅行手帐时可能发生的问题。

纸制品收集参见 P36 页中的购物、美食、住宿、出行类别明细。

4.1 穿搭 + 购物不分家

4.1.1 在手帐中表现旅行穿搭

为了能在旅行时留下最美的照片，有必要在出发前提前了解目的地的天气，准备合适的旅行衣物。提前准备好每日穿搭也是件有趣的事情，还可以为旅行节省时间。

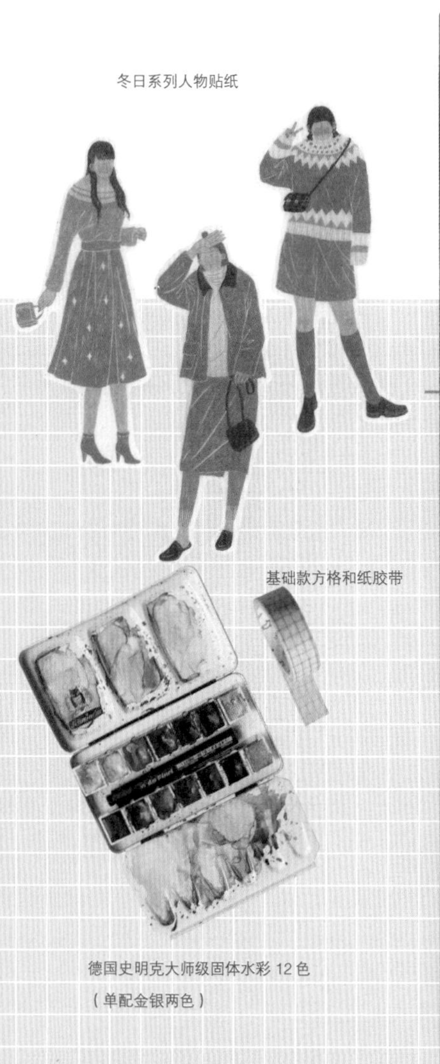

冬日系列人物贴纸

基础款方格和纸胶带

德国史明克大师级固体水彩 12 色

（单配金银两色）

春节南京旅行四日穿搭

拼贴出每日穿搭

TITLE

版式：对称式

在手帐中表现衣服穿搭内容有常见的三种设计方法。

拼贴：使用服装贴纸，拼贴出每日穿搭组合（人物胶带、杂志图片均可）。

手绘：使用水彩颜料、新毛笔等绘画工具，画出衣服的缩略图。

照片：旅行中拍下穿搭照片打印出来，粘贴在手帐中。

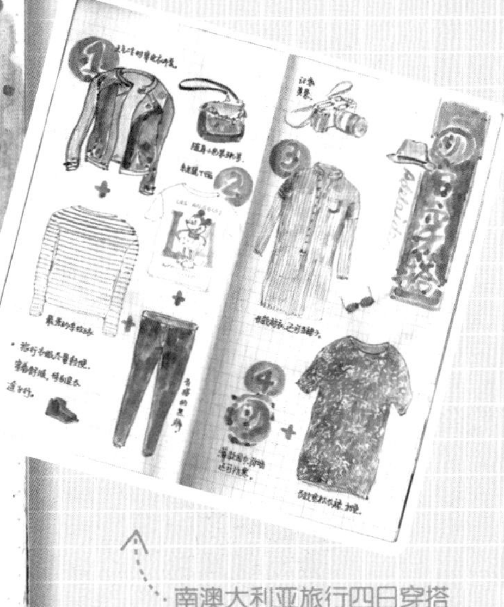

南澳大利亚旅行四日穿搭

手绘每日穿搭

拼贴出旅行每日穿搭

穿搭内容常见的三种方法中，拼贴是最快速有效的方式，只需购买适合的贴纸、胶带或废旧杂志，就可以轻松完成穿搭手帐。

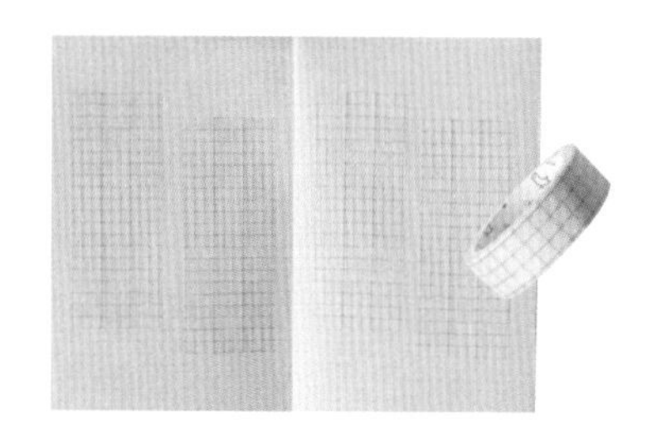

1. 运用拼贴方法制作四日旅行穿搭。选择基础款方格贴纸制作穿搭边框背景图，沿着本芯圆点纹理可以轻松确定边框尺寸。

2. 选用符合此次旅行天气的穿搭贴纸，贴在制作好的边框背景中。人物与背景、风格、大小始终保持一致，采用上下错开的方式粘贴。

废旧杂志好用途

1. 先从杂志上选择喜欢的穿搭图片剪下，旅行衣服最重要的是舒适百搭，减少不必要的携带，为旅行减轻负担。

2. 将每个穿搭图片中的人物或者衣服沿边线剪下备用。

3 使用水彩颜料为边框背景图描边，并使用深色填满背景空白区域，可以很好地衬托出边框与人物，再添加标题、书写内文。

4 为避免页面色调偏暗，可以选色彩明亮的橙黄色圆点点缀画面，使得页面瞬间充满生机。

日本旅行出发前穿搭

3 按照人物或者衣服的大小顺序进行拼贴，粘贴时注意人物的方向，让每个图片之间协调自然。

4 再粘贴较小的人物和T恤，此时页面形成包围式的版式。

5 选择目的地的地标性建筑或者图片粘贴在页面中间，突出旅行目的地，注意色调统一，最终书写标题和小物装饰即可。

4.1.2 记录商场购物

旅行中除了品尝特色美食，看不一样的风景，对于女生还有最重要的一点，那就是买买买！去免税店购买奢侈品，去超市买水果和饮料，去纪念品商店购买明信片和冰箱贴等。在购物的同时会得到许多好看的购物袋、购物小票、商场宣传单、卡片等纸制品，这些漂亮的免费素材都可以应用到手帐中。

香港海港城购物指南手册

奢侈品购物贴纸

德国施德楼金属记号笔 (8323)

1 使用贴纸时注意相互间颜色与大小的对比变化和疏密关系。

国泰香港旅行海港城

商场购物如何记录

版式：对称式＋包围式

② 许多奢侈品牌习惯使用金色、银色，如果没有金属记号笔，也可以使用指甲油代替。

斯里兰卡旅行超市购物

产品包装怎么用

商场如何记录

繁华热闹都市的大型商场，是购买奢侈品的好去处。想要了解每个品牌的具体位置，可以在购物商场一层的咨询台免费领取购物指南宣传册，将这份购物指南应用到手帐中也是不错的选择。

1 选用香港海港城购物指南宣传册和印有奢侈品的漂亮贴纸来设计出奢华的海港城。

2 将购物指南宣传册内页印有奢侈品店面平面图的图片剪下。

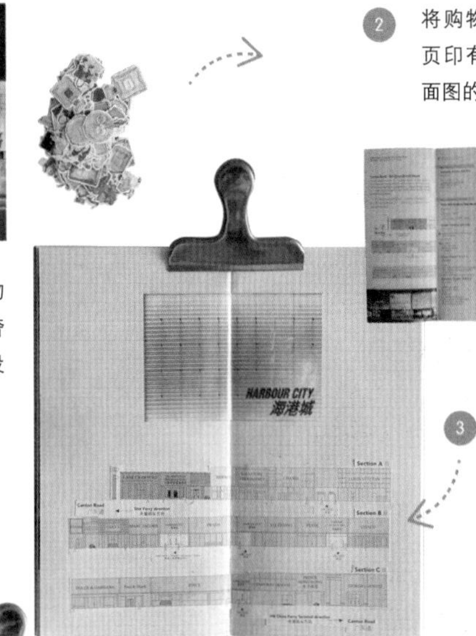

3 将剪下的店面图片，按照上下对等并居中的排版方式粘贴，上方预留出主视觉位置。将宣传册封面印有海港城的图片剪下，贴在页面上方中间处，明确视觉中心点。

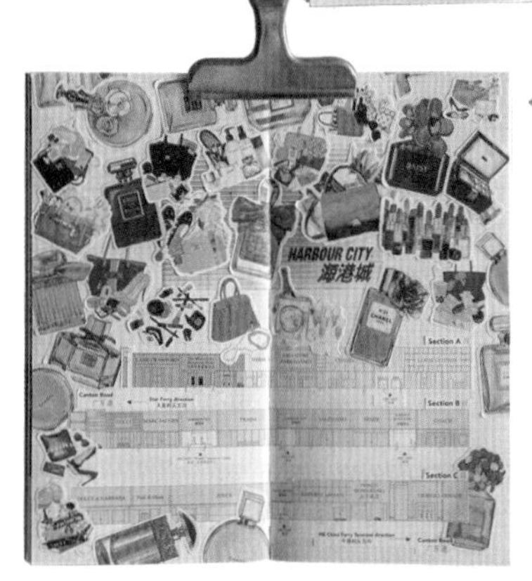

4 将奢侈品贴纸围绕海港城字样进行不规则拼贴，切勿遮盖海港城与店面平面图，营造琳琅满目的奢侈品，应有尽有的视觉冲击力。

5 为加强购物天堂海港城的奢华质感，使用金色油性笔将贴纸背景空白处涂满，奢华的效果更为突出。

产品包装怎么用

使用随手丢弃的商品包装盒和购物小票，也可以制作出漂亮的手帐。例如下面的例子，将斯里兰卡特产的红茶包装应用其中。

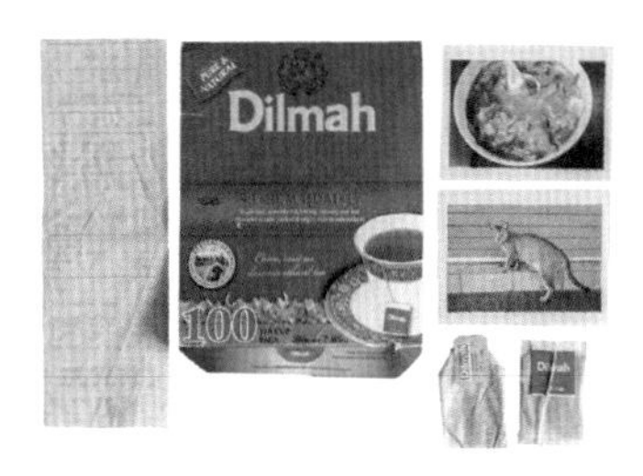

1 此页手帐素材有斯里兰卡超市购物小票、红茶包装盒、茶叶袋标签、晚餐前遇到的猫和晚餐图片。

2 因为购物小票视觉冲击力弱，适合作为底图使用，平贴在手帐左侧。将尺寸较大的红茶包装盒进行拆分，包装中有茶杯图案的一面沿着页面右上角边缘进行粘贴。

3 红茶品牌名称的一面粘贴在茶杯旁边，粘贴时不要盖住左边购物小票上的时间、商品名称和价格。

4 购物小票总价下方位置粘贴去超市路上遇见的猫咪，颜色正好与红茶包装颜色相呼应。

5 将尺寸稍大的晚饭照片进行修剪，贴在茶杯旁边，晚饭和茶刚好相配，这时页面的整体风格和位置基本确定。

6 将整理好的文字书写在手帐中，最后，用茶叶袋标签点缀在茶杯旁边。

纪念品也可以画下来

旅行中，不是所有喜欢的物品都可以买来留作纪念，但可以通过简单的绘画将喜欢的物品收藏在手帐中。

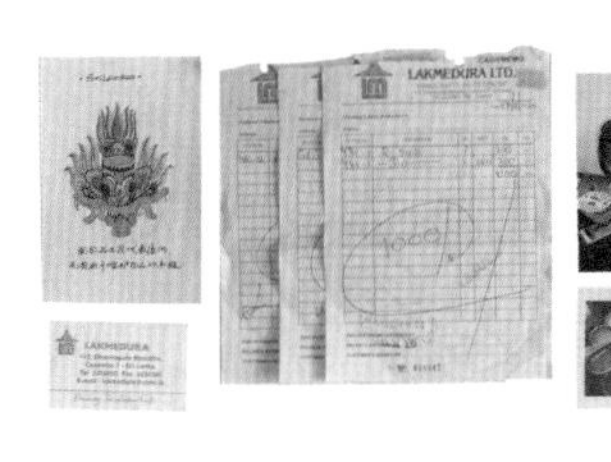

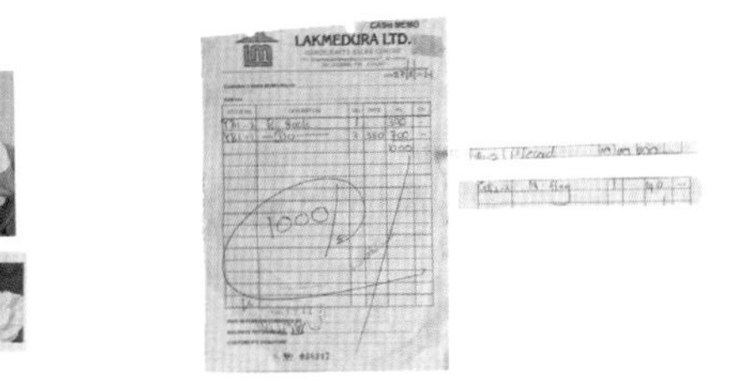

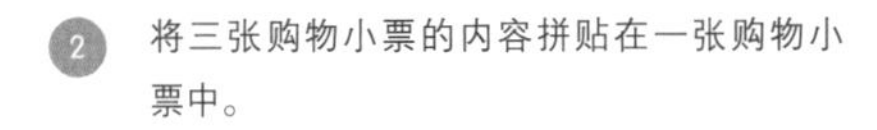

1. 此跨页手帐包含购买纪念品（购物小票、名片、画纪念品）和午餐（人物和美食照片、面具图片）两个内容。当内容和素材较多时，首先需要将素材整合，其次是进行区域的划分。

2. 将三张购物小票的内容拼贴在一张购物小票中。

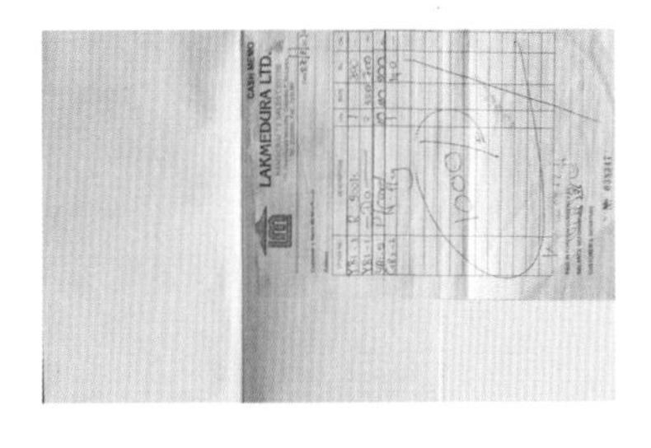

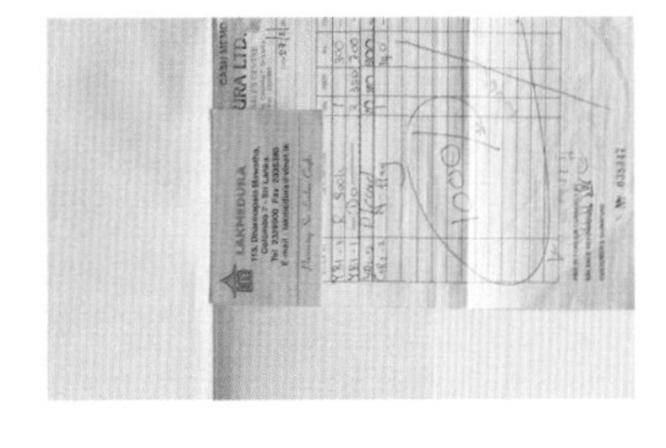

3. 页面左边为午餐内容，右边为购买纪念品内容，按照纸制品大小进行粘贴。首先，购物小票尺寸较大，只需保留购买信息，多余部分剪掉或折叠处理，或顺着购物小票方向贴到页面背部，作背部页面底纹使用。

4. 为保留卡片正背面的信息，同时不影响购物小票的信息，使用纸胶带将卡片背面与页面粘贴在一起，便于卡片翻阅。

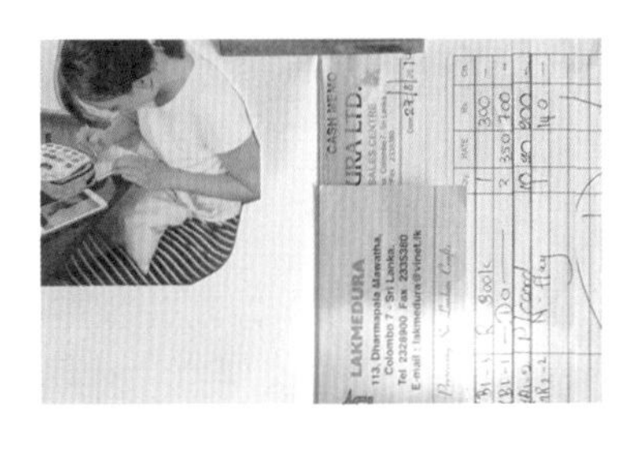

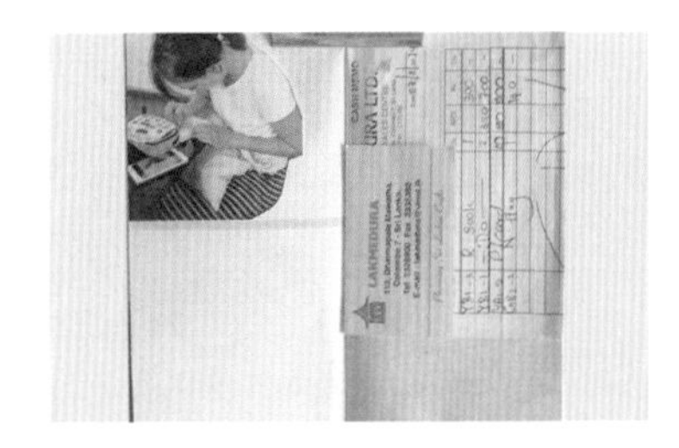

5. 左边页面为午餐内容，其中包含午餐前作画的照片、作画图片、午餐照片三部分。由于页面尺寸所限，先将午餐前作画照片进行修剪，保留画画的动作即可。

6. 使用黄色纸胶带对左边页面上下进行分隔，上边作画，下边添加美食与文字。选用黄色信纸拼贴在购物小票下方，让每个内容划分更加明显。

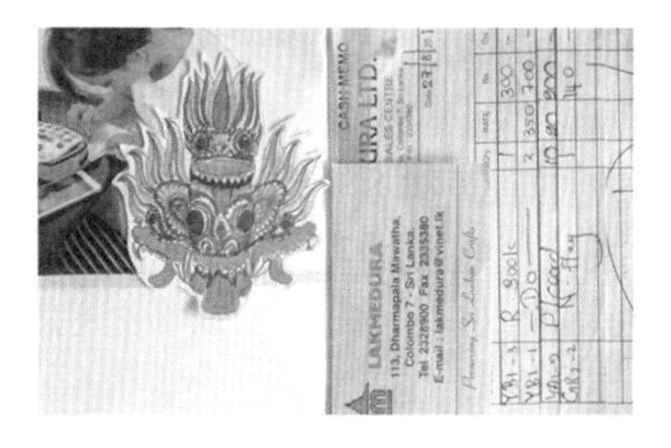

⑦ 将午餐前画于明信片上的面具剪下，贴在人物照片衣服的位置，弱化人物突出作画内容，此时，红黄为主色调的手帐页面已经形成。

⑧ 左侧页面下方粘贴午餐美食图片，图片与右侧页面黄色信纸的高度相等，使得画面更加平稳协调。

⑨ 左边页面配合图片添加文字。右边页面画入购买的斯里兰卡地图样式的冰箱贴，将之前贴好的名片向上调换位置，可以更好地展示手绘冰箱贴。页面完成后，在空白处加盖亚洲大象印章，增加手绘的质感。

划重点

纸胶带的好处是可以随时调换位置，不损坏纸张。

4.1.3 展示不一样的收藏

许多出国游玩的人都喜欢收集各个国家的钱币。每个国家发行的钱币都有本国的特色，钱币上的图案有国家伟人的肖像、古代历史建筑、人文与科技等，几乎每个方面都有涉及。旅行中可以通过这些富有含义的钱币图案和兑换外币的汇率，初步了解目的地国家和地区的文化与经济发展进程。

斯里兰卡纸币

单色和纸胶带

胶带分装板

斯里兰卡电话卡

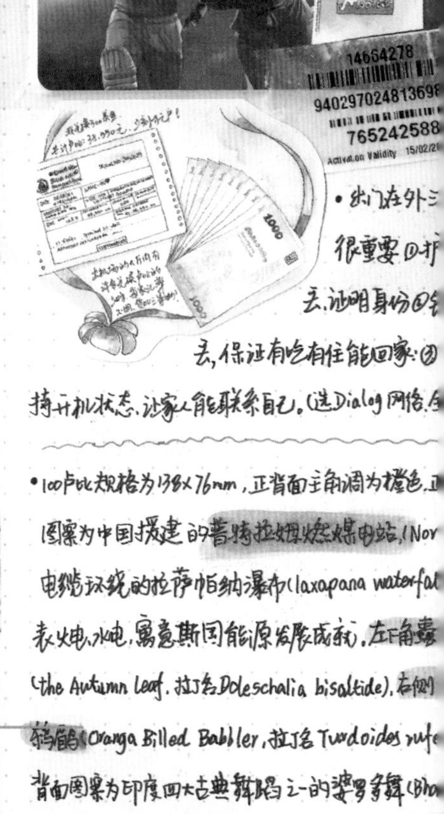

1 世界各国的钱币资料均可在网络中搜索获得。

版式：三分式＋居中式

斯里兰卡旅行纸币＋电话卡

给纸币穿件"外衣"

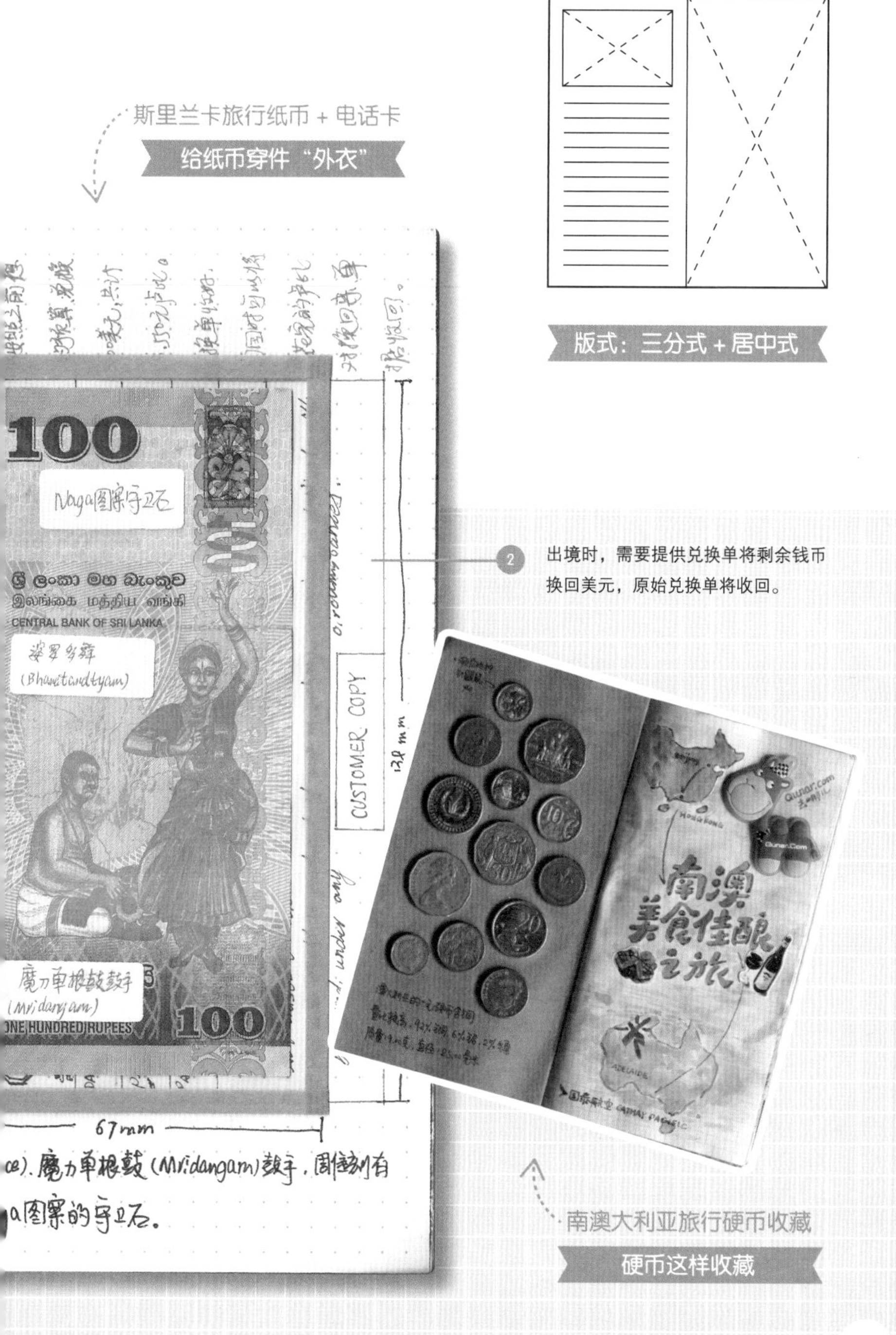

2 出境时，需要提供兑换单将剩余钱币换回美元，原始兑换单将收回。

南澳大利亚旅行硬币收藏

硬币这样收藏

给纸币穿件“外衣”

纸币可以装入信封收纳袋或以抽拉形式(可参照本书P177制作)收藏，也可以让纸币穿件“外衣”，变成手帐的其中一页。

1. 此页内容分两个部分，一是斯里兰卡机场入境大厅兑换卢比；二是购买当地电话卡。素材有钱币、电话卡和手绘小卡片，卡片也可以使用贴纸代替。

2. 页面内容划分，左侧粘贴电话卡和书写文字，右侧页面为钱币内容。

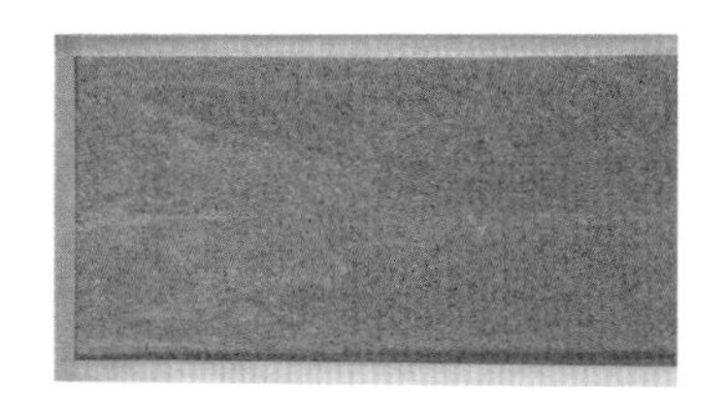

3. 钱币需要进行保护处理。将透明保护袋按照钱币大一圈的尺寸进行裁切，并用和纸胶带密封。

4. 将钱币装入透明保护袋中，将口密封。

硬币这样收藏

1. 硬币是最好的纪念品，图案各有特色，随时可以获取，并且不占空间。

2. 收藏硬币最好的工具就是进口辉柏嘉黏土无痕胶。优点：黏性强，可随时拿取替换，不破坏纸张。

3. 先将小块辉柏嘉黏土无痕胶拉扯后团成圆球形状，然后贴在硬币背面。

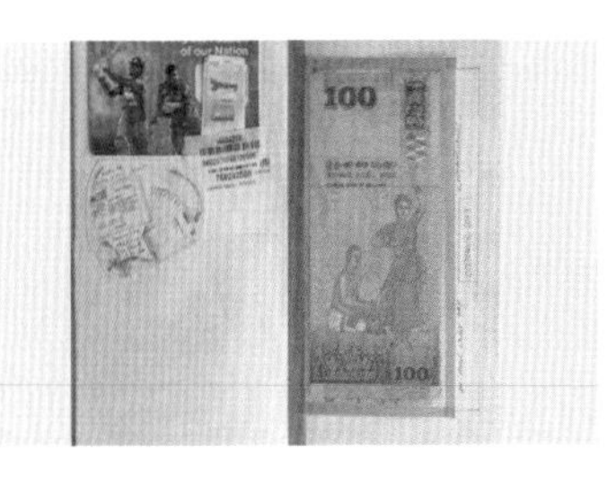

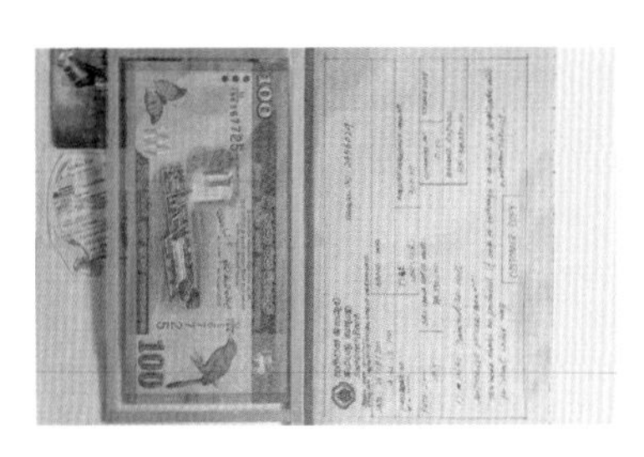

5 再用和纸胶带将密封好的钱币固定在两页之间，使之成为手帐中的一页，这样也便于查看纸币正反面的图案与信息。

6 使用针管笔将钱币兑换单据画在右侧页面上。（出境时，需要提供兑换单将剩余钱币换回美元，原始兑换单将收回。）

7 将钱币中每个图案的名称与信息写在白色标签贴纸上，然后粘贴在相应的图案上。

8 这样纸币的收藏就做好啦！

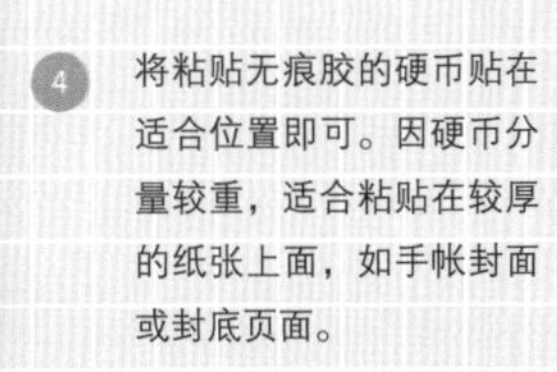

4 将粘贴无痕胶的硬币贴在适合位置即可。因硬币分量较重，适合粘贴在较厚的纸张上面，如手帐封面或封底页面。

4.1.4 改造特殊纪念品

每个人旅行都会买些纪念品带回家，笔者个人最喜欢的纪念品是收到旅行时寄给自己的明信片，上面写有当时旅行的心情或是对未来的祝福，漂亮的邮票上印着邮戳，这张游历千里的明信片必将成为手帐中的一页。

在水彩纸中画好素材剪下

施德楼固体胶棒

台湾民宿明信片

复古英文旧报纸

日本 Copic

进口防水针管笔棕色 0.5

① 手帐页面始终保持怀旧的风格，避免使用过于明艳的颜色。

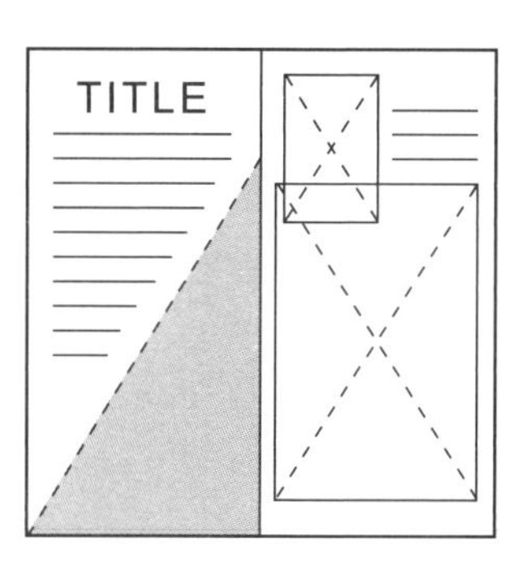

版式：对角式＋居中式

冬日台湾北部旅行明信片收藏

最好的旅行祝福

相框改造
成的日历.
每一件创
新都
很喜欢。
十二月
16
星期一
SOLO SINGER
HOTEL
112
2013.12.25.08
SOLO SINGER HOTEL
Facebook: Solo Singer / Web: thesolosinger.com

2 如果想完整地将明信片收藏在手帐中，也可以使用收藏钱币的方式。

斯里兰卡旅行邮局

手绘明信片

最好的旅行祝福

1 结合早餐、明信片制作的旅行手帐。除明信片之外，所有图案提前在水彩纸上画出并剪下。

2 手撕复古报纸粘贴在手帐左下角，增加页面的层次感。

3 先将画好的相框样式的日期粘贴在明信片左上角，有效地遮盖住邮寄地址。然后将明信片红色日期部分粘贴在右侧页面上方，方便查看明信片正反面的信息与图案。

4 翻开明信片露出手帐右侧页面，增加更多书写区域。

5 左上角粘贴早安英文和置物架，两者之间错开可以使页面更轻松。

6 手绘的特色邮筒粘贴在明信片旁边，可以很好地将两页区域划分。将餐厅复古电饭煲和旧物改造的台灯，分别粘贴在手帐页面下方的左右角，为内容配图，也使页面色彩更加协调互相呼应。

7 内页文字除简单书写之外，也可以将文字写在其他纸中再用手撕下来进行粘贴，增加手作的感觉，画面也更加有趣。

8 选择棕色针管笔书写文字，让页面色调更加柔和，这样复古风格的手帐就做好了。

划重点

在牛皮纸页面上绘画时会受到纸张颜色的限制，可在白色水彩纸上画好剪下来使用。

冬日台湾北部旅行明信片收藏

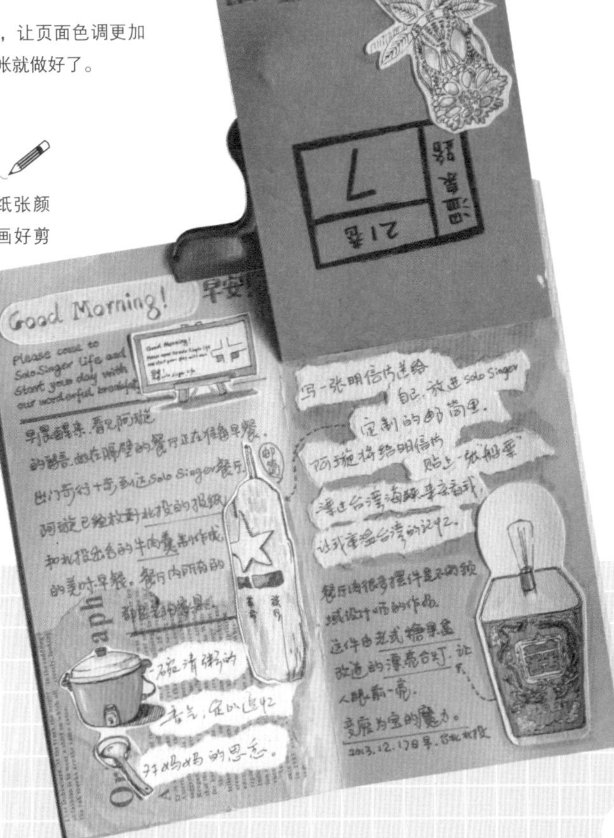

4.2 遍布世界各地的美食餐厅

4.2.1 记录一日三餐

美食可以说是旅行中最重要的环节，俗话说，吃得好才能玩得好。品尝当地的特色美食、美酒是旅行中的一大乐事。无论是“苍蝇馆子”，还是享誉世界的米其林餐厅，都值得将品尝美食的满足感记录下来。

TITLE

版式：对称式

北京铃木食堂

餐厅聚会，人物如何表现

美食餐厅的纸制品也有很多，最常见的就是筷子套、餐巾纸、名片、外卖卡。美食手帐的页面除美食之外，同行的小伙伴也可以出现在手帐中。

韩国旅行鸡爪锅

外卖卡片别错过

餐厅聚会，人物如何表现

记录美食的时候，多以美食为主，人物为辅，但当遇到特殊纪念日或是聚会时，人物比美食更重要。

1 旅行可以是一个人，也可以是很多人，同学们旅行聚餐是非常值得纪念的。素材除餐厅小折页之外，还选用了人物和美食贴纸。

2 餐厅小折页为四面，参加聚会的共有四人，因此选择完全对称版式最适合。首先，将餐厅小折页展开，尺寸与手帐相一致，可完整粘贴在页面下方三分之一处位置。

3 挑选与人物个性、服装、发型相匹配的贴纸，粘贴在折页四个页面上，粘贴时注意贴纸的颜色，按照深浅对比排序为佳。（贴纸省时省力，效果好）

4 选择与餐厅美食一致的贴纸，粘贴在餐厅折页地址的下边。使用彩灯和纸胶带拼贴出餐厅院子的小彩灯，再将餐厅 logo 贴在页面顶部中间位置，让画面始终保持对称版式。

5 在拼贴的彩灯周围，使用水彩颜料涂上绚丽的颜色，营造出夜晚聚会的氛围。

6 最后，沿着人物造型边缘添加聚会人物的详细信息，使形式看起来更轻松随意。

外卖卡片别错过

1 餐厅外卖卡片和消费小票是最常见的素材，卡片上有食物的图片就更好了。餐厅地址可以用文字、地图拼贴、手绘线路等多种方式呈现出来，此页餐厅地址选择地铁线路图。

2 以美食为主视觉，将印有美食的外卖卡片放在页面最醒目的位置，餐厅外部照片放右上角。

韩国旅行鸡爪锅

3 将前往餐厅的乘车地铁线路图贴在外卖卡片旁边，使用和纸胶带夹子的图案修饰页面。

4 消费小票尺寸过大时，可以进行修剪，将必要信息剪下，根据空白处大小进行拼贴。消费小票属于次要信息，围绕主视觉拼贴，无需占据主要位置。

5 将餐厅名字写在左上角标题位置，其他区域填写内文。最后根据整体色调进行修饰，让页面更完整。

划重点

当手帐本使用到中间几个跨页时，建议使用大面积图片或便笺纸贴在页面中间，起到页面衔接的作用，防止脱页。

4.2.2　手帐中的咖啡、美酒

世界上每个国家、每座城市几乎都有咖啡馆。

近两年，大众化和个性化的咖啡馆在国内也十分常见，喝着咖啡看着窗外的美景，时间充裕的话，画上一页手帐，是再美好不过的享受。

如果你对城市的夜生活很感兴趣，不妨去酒吧品一杯特调的鸡尾酒或听现场歌手的演唱，都会让人非常开心。

中式年月日贴纸

故宫雪慕和纸胶带

吾皇万岁贴纸

故宫角楼咖啡店咖啡杯和外卖袋

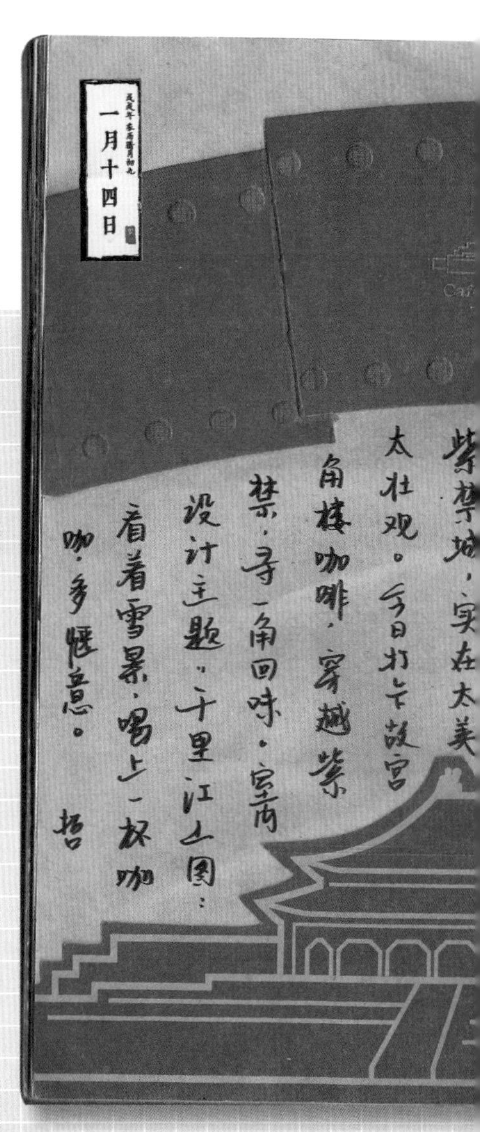

北京故宫角楼咖啡店

咖啡杯也是好素材

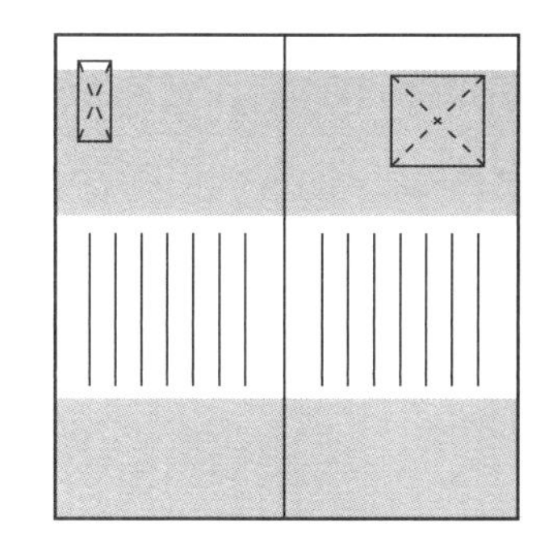

版式：对称式 + 三分式

手帐本芯为牛皮纸、硫酸纸、白纸混合本芯，右侧硫酸纸下方为白纸。

北京故宫角楼咖啡店

图案胶带拼风景

咖啡杯也是好素材

来北京旅行，必去景点非故宫莫属，特别是这两年故宫的文创产品更是深入人心。今年故宫推出故宫角楼咖啡，可以说一座难求。如果来此，记得做一页特别的手帐。

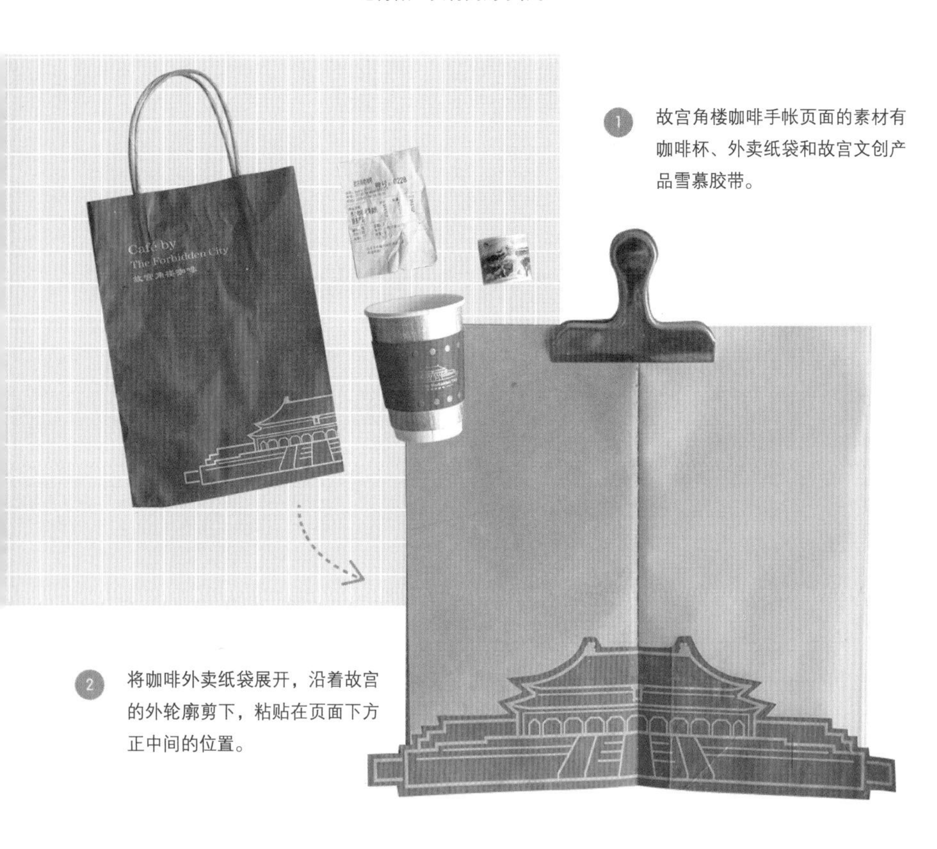

① 故宫角楼咖啡手帐页面的素材有咖啡杯、外卖纸袋和故宫文创产品雪慕胶带。

② 将咖啡外卖纸袋展开，沿着故宫的外轮廓剪下，粘贴在页面下方正中间的位置。

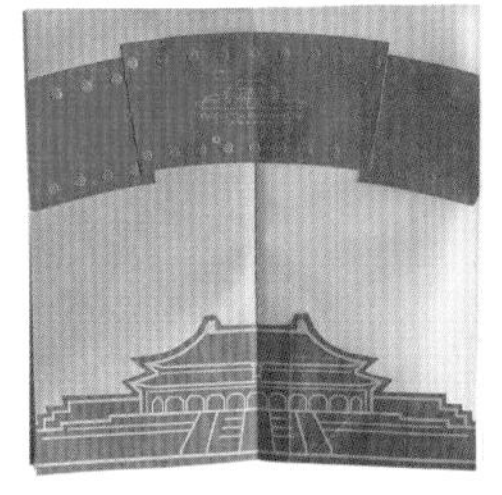

③ 将咖啡防烫圈取下自然分成三段，由于防烫圈的纸张较厚不便于粘贴，需要进行纸张分离减少厚度。（纸张上下分离时注意力度要小、速度要慢，避免撕坏）

④ 将防烫圈分开部分粘贴在页面上方两侧，营造故宫大门打开的场景。防烫圈印有角楼咖啡 logo 的部分粘贴在页面中间，稍微错开，制作出标题折叠效果。

5 在右侧硫酸纸下面白色纸张部分，将印有故宫雪景的胶带粘贴在镂空区域。

6 借用硫酸纸的透明性，营造雪中故宫的美景。

7 采用竖版书写文字，更符合中式风格，左上角粘贴日期。最后用网红“吾皇”猫咪点缀画面。小票或其他文字可以写在硫酸纸下面的白纸区域。

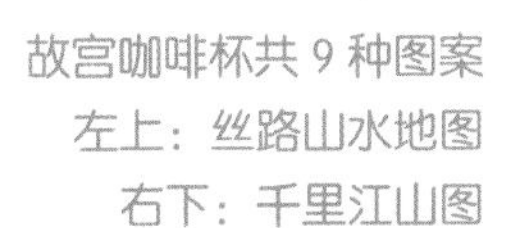

故宫咖啡杯共 9 种图案
左上：丝路山水地图
右下：千里江山图

4.2.3 设计表现甜品、小吃

旅行的路上除了正餐之外，也需要随时补充能量，冰爽的冰淇淋和奶茶，美味的甜甜圈和面包，这些美食的外卖包装都是完美的素材。现在流行的许多网红打卡店，在视觉设计上都非常用心，不仅满足味蕾的需求，也满足视觉的感官享受。

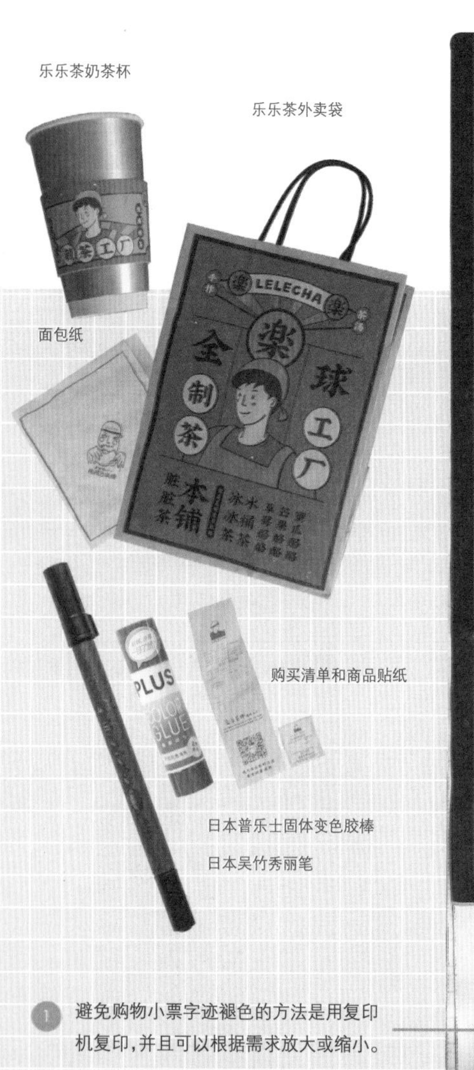

乐乐茶奶茶杯

乐乐茶外卖袋

面包纸

购买清单和商品贴纸

日本普乐士固体变色胶棒

日本吴竹秀丽笔

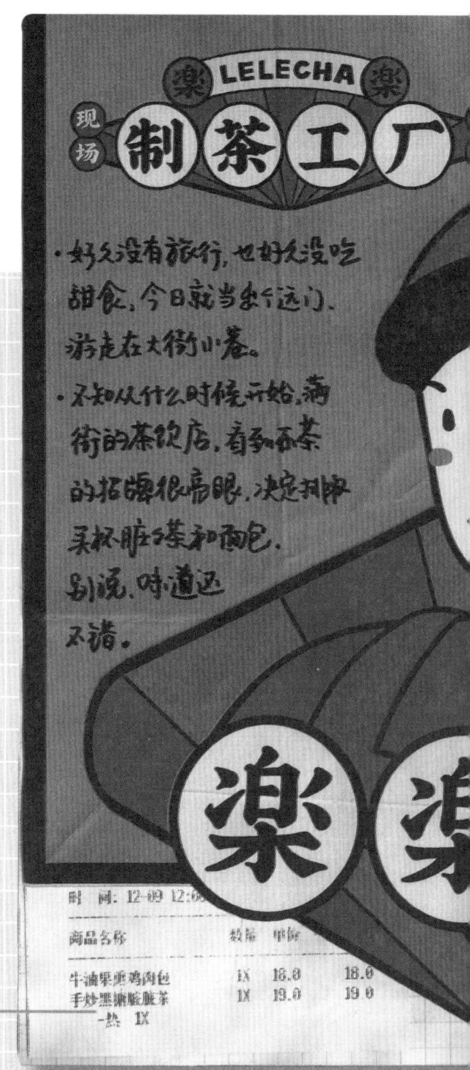

1 避免购物小票字迹褪色的方法是用复印机复印，并且可以根据需求放大或缩小。

乐乐茶牌奶茶

分解购物袋样式之一

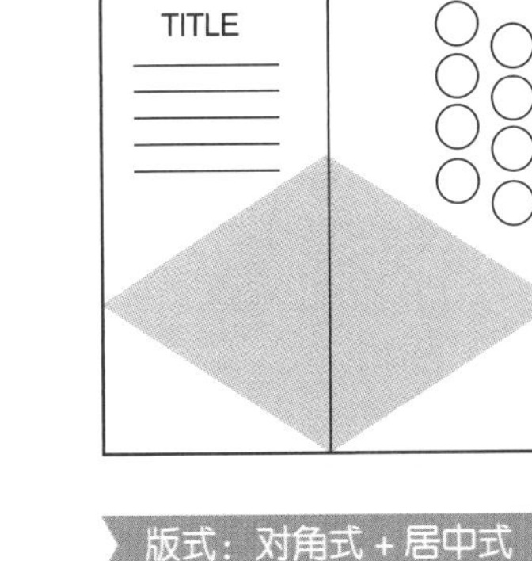

版式：对角式 + 居中式

当季鲜果

手作茶汤

茶 牌

视觉设计的也很漂亮、喜欢。

2 同一个素材可以设计出两种手帐版式，文字较少时可选择左侧版式，文字多时可选择下面版式。

乐乐茶牌奶茶

分解购物袋样式之二

分解购物袋

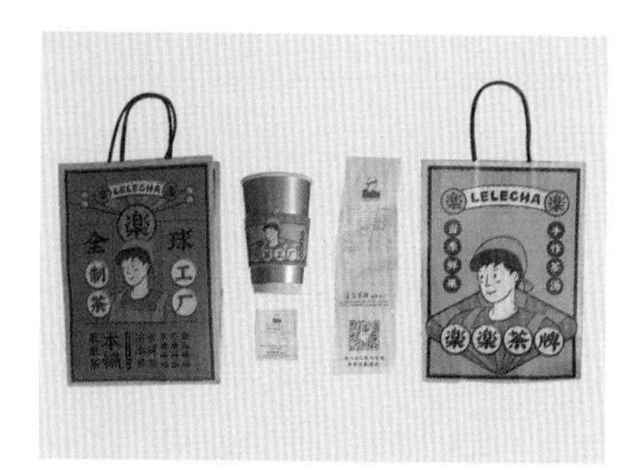

① 乐乐茶的外卖纸品种类非常多，有纸袋、纸杯、消费小票、面包包装袋和手套。当素材品类繁多时需要进行筛选，选择有代表性的素材，并且材质以更适合贴入手帐中为佳。

② 通常外卖袋的尺寸均超出手帐尺寸，不能直接使用，需要先将外卖袋中重要的视觉元素剪下。

③ 使用外卖纸袋两侧的纯色部分作为手帐的底图，沿着左侧页面上方粘贴。购物小票为次要素材，贴在页面下方空白处即可。

④ 底图贴好后，将乐乐茶主视觉人物图案放在页面居中的位置。如果需要书写的文字较多，那么此刻手帐的空白区域都可作为书写区域使用。

⑤ 将外卖袋上原有的八字两句的广告语剪下，放在页面右上角，刚好平衡整个画面。

⑥ 最后，使用购物小票上的图案装饰页面，这页手帐就完成了。

面包纸别丢弃

1. 牛皮纸材质最适合用手撕的方法制作出不一样的效果。这款面包包装纸上印有当地名称、地图和广告语。

2. 使用手撕的方法将牛皮纸边缘处理成不规则的毛边效果，增加手作的魅力。

3. 包装袋上地图信息可以拓展页面内容，除粘贴面包店内部照片外，也可以拼贴目的地或出发地的详情。粘贴照片时注意顺序，以重要内容为先，再贴次要内容。

4. 最后，使用邮票贴纸粘贴在地图灯塔的位置。照片和贴纸的大小，区分信息的主次关系。

南澳大利亚
袋鼠岛面包店

4.3 浪漫的民宿和酒店

4.3.1 用好客房里的素材

出门旅行最重要的消费就是交通和住宿，根据个人的预算及爱好，选择合适的酒店。可以是豪华的星级酒店、古老的欧洲城堡、特别的私人民宿、国际青年旅行社或是无人区的帐篷，每一种旅行体验都是人生回忆的一部分。

许多酒店客房内都会提供信封、便笺纸，偶尔还会有手写的欢迎卡。信封可以做票据收纳袋，便笺纸用作手帐背景纸，欢迎卡可以直接粘贴到手帐中。

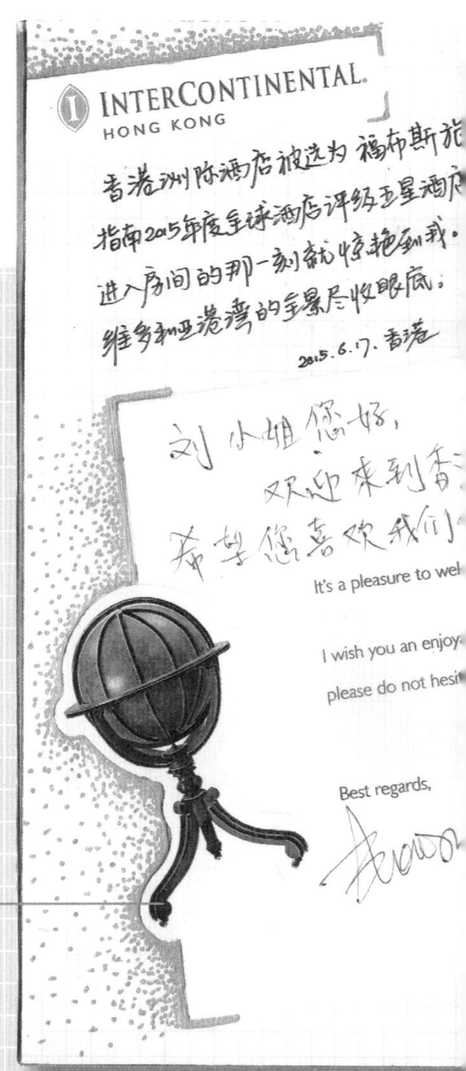

香港洲际酒店客房

香港洲际酒店欢迎卡

德国施德楼
金属记号笔 (8323)

金色复古元素贴纸

① 贴纸的选择尽量与客房风格相一致。

国泰香港旅行洲际酒店

欢迎卡内页制作手帐

版式：对角式

荣幸可以接待您！

有一个难忘的体验！

inental Hong Kong!

ny assistance,

2 同一个素材进行合理拆分，可以设计出两种手帐版式，一种突出文字，另一种突出图片。

国泰香港旅行洲际酒店

欢迎卡正面制作手帐

欢迎卡了解一下

入住香港洲际酒店，房间内手写的欢迎卡让人感觉特别亲切，此张欢迎卡封面和内页分开，共两层。封面图案是洲际酒店总统套房夜景图片，内页为半透明硫酸纸，上面写有文字。分别用封面和内页各做一页手帐。

用欢迎卡内页制作手帐

用欢迎卡封面制作手帐

B 方案

1 将欢迎卡手写文字的内页粘贴在视觉中心位置，角度略微倾斜，营造书写时的状态，右侧上方粘贴海景客房窗外的维多利亚港的风景照片，下方粘贴客房内部照片，粘贴图片应避开文字区域。

2 从信封上剪下酒店 logo 贴在页面左上角，与欢迎卡内页角度平行。为保持页面重心平稳，在左侧空白处粘贴金属地球仪贴纸。

3 整个页面从酒店 logo 到金属地球仪和房间装饰，主色调以金色为主，为突出酒店 logo 和欢迎卡，使用金色油性笔为边框处描边并画出点状阴影，使页面更有层次感。

A 方案

1 将欢迎卡封面总统套房夜景图片放在手帐视觉中心位置，图片左下角是洲际酒店的 logo，在图片右侧粘贴总统套房内部照片。

2 结合两张香港洲际酒店总统套房图片，在空白处填写对应文字，此页手帐页面主要突出洲际酒店的绝美海景。

信封充当底纹纸

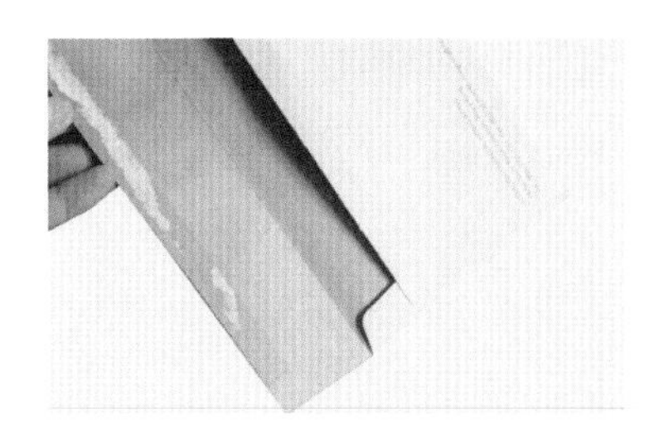

1. 使用香港城市地图、洲际酒店信封和照片，制作出入住酒店当日的手帐内容。

2. 仔细观察发现信封内部背面为漂亮的哑金色，可用作手帐底纹纸。

3. 将信封裁开并剪成手帐页面大小贴于左侧页面，右侧页面上方粘贴酒店 logo。在香港城市地图中找出酒店位置图并剪下，地图尺寸小于金色底纹纸。

4. 选用复古金色老爷车搭配地图，并在地图蓝色区域粘贴酒店地址信息。很好地将机场乘车到达酒店的过程表现出来，使得画面内容具有连贯性。

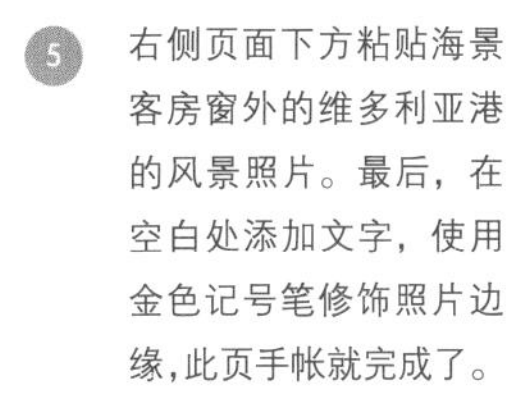

5. 右侧页面下方粘贴海景客房窗外的维多利亚港的风景照片。最后，在空白处添加文字，使用金色记号笔修饰照片边缘，此页手帐就完成了。

国泰香港旅行
机场前往洲际酒店

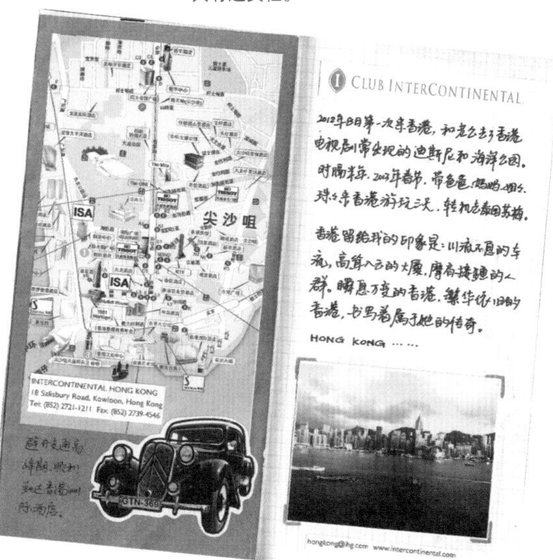

4.3.2 用“丢弃物”见证旅行

在酒店办理入住时，许多酒店会提供行李箱送达客房的服务，为避免错拿行李箱，通常会在行李箱提手处挂上印有酒店 logo 和房号的行李牌，不要忽略这些小物，它们都是见证旅行的美好素材。

旅行照片彩色冲洗

海岛元素贴纸

酒店行李牌

酒店餐厅杯垫

韩国华虹

356 旅行口袋笔

梵高固体水彩

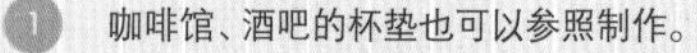

1 咖啡馆、酒吧的杯垫也可以参照制作。

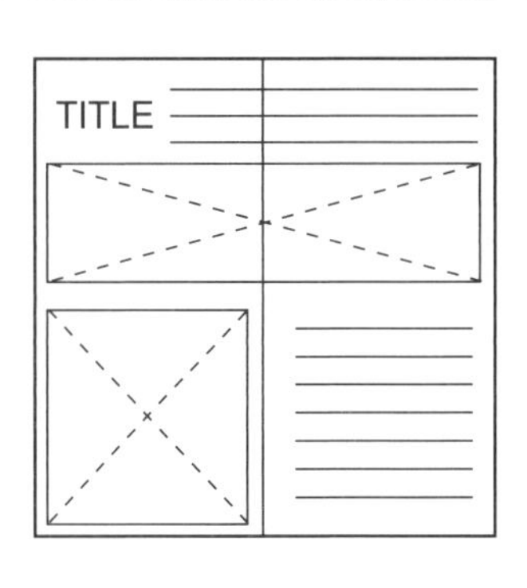

版式：对称式

斯里兰卡旅行入住酒店

杯垫上作画

伦坡.
SRI LANKA
房间：110号
从机场乘坐大巴车约40分
钟到达尼干布附近的海滨酒店
HOTEL J，还没等分房间，小伙伴们就
纷跑到海滩上拍日落，回来已是饥肠
可想要立刻吃饭不可能，斯里兰卡
很慢，那就入乡随俗吧！
装修属于极简风格，用大色块装饰
绿、蓝，完全迎合年轻人的喜好！
酒店的杯垫画个小好玩，在这海边的酒
好好睡上一晚，明日出发尼干布鱼市。

2 选择与页面风格相一致的贴纸，颜色以衬托主题为主。

斯里兰卡旅行入住酒店

行李牌做标题

杯垫上也能作画

通常在酒店客房、餐厅、酒吧、咖啡厅可以找到纸质杯垫素材。杯垫在使用时可以跨页拼贴、作画，也可作为照片相框使用。

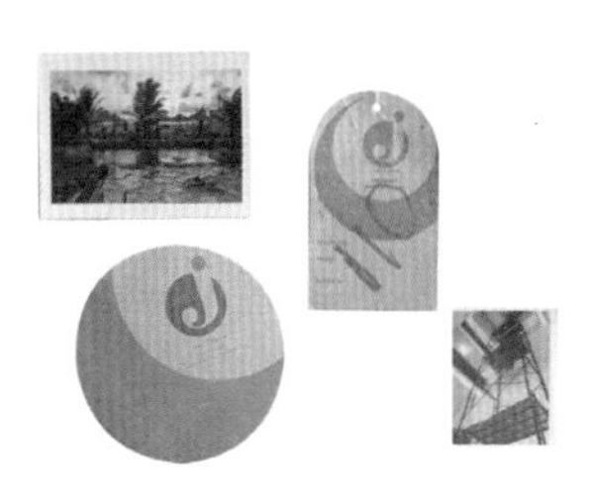

1 酒店的行李牌和杯垫设计往往很有特色，结合酒店户外泳池和内部装饰的照片可以制作手帐页面。

2 保留杯垫原有的形状不变，因为杯垫尺寸略大，无需再将杯垫放在视觉中心的位置。使用时需要对杯垫进行厚度处理，便于粘贴。

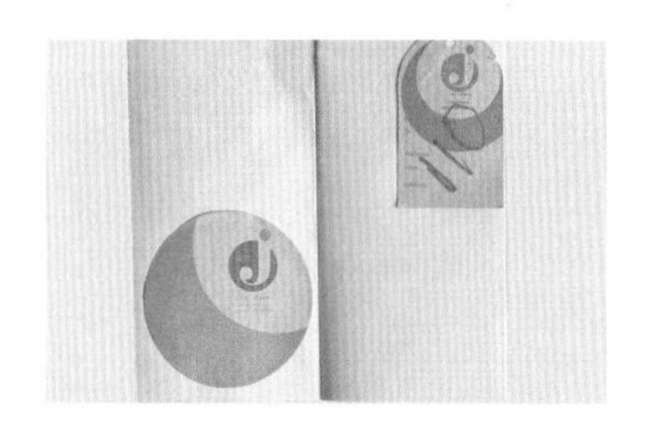

3 行李牌与杯垫内部的图案和颜色一致，将行李牌粘贴在与杯垫相对应的右上角位置，使二者相互呼应。

4 沿着行李牌底边平行的边缘处，依次粘贴酒店内部、酒店户外泳池照片，边缘空白处粘贴与页面色调相统一的黄色，使得上半部分的画面成为一个整体。

5 使用行李箱和树叶贴纸遮盖行李牌上不太美观的数字和污渍。户外泳池边粘贴墨镜和英文贴纸，让页面更加丰富。

6 杯垫内橙色区域的形状很像月亮，借用形状画上月亮和女孩，外部添加有规律的蓝色线条，画面立刻充满生机，再添加文字，页面就完成了。

行李牌做标题

1. 酒店行李牌、酒店外观照片、酒店内购买明信片的照片，这三个素材组成酒店的手帐页面。

2. 先将酒店外观照片贴在左侧页面中间位置，再将印有酒店 logo 的行李牌粘贴在标题的位置上，并适当遮住酒店外观图片较暗的区域。

3. 选择鲜花贴纸遮盖行李牌上多余的笔痕，让画面更干净。同时，鲜花的颜色增加了页面的生机。用明亮的和纸胶带进行画面修饰，增加轻快的质感。

斯里兰卡旅行
入住酒店

4. 另一侧粘贴有明信片和房间钥匙的照片。酒店内部有漂亮的泳池，泳圈的颜色呼应对应鲜花的颜色。

5. 将颜色深浅不同的单色和纸胶带撕成长短不一的小段，错落有致地拼贴出文字书写区域。在页面右下角空白区域，使用水彩颜料手绘出晚餐食物，增加页面手绘的质感。

4.3.3 小物件带来的惊喜

近两年民宿和短租网如雨后春笋般呈现在大众眼前，如爱彼迎、蚂蚁短租、自在客等，每间民宿都呈现出民宿老板的审美、兴趣和爱好。入住的每一间民宿，都有让人印象深刻的地方，比如客房钥匙、陈列和庭院等。

台湾民宿钥匙和房间小景

台湾民宿欢迎卡

宜家剪刀

复古英文旧报纸

日本 Copic 进口防水针管笔棕色 0.5

① 在名片周围涂上水彩颜料，让两者之间衔接更自然。

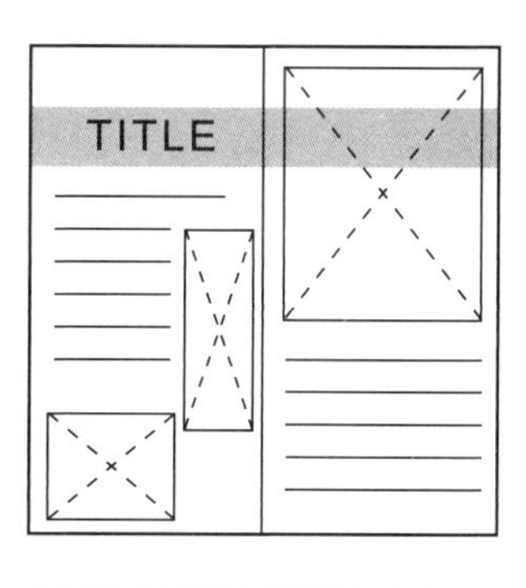
TITLE

版式：对角式

冬日台湾北部旅行

那些值得记录的小细节

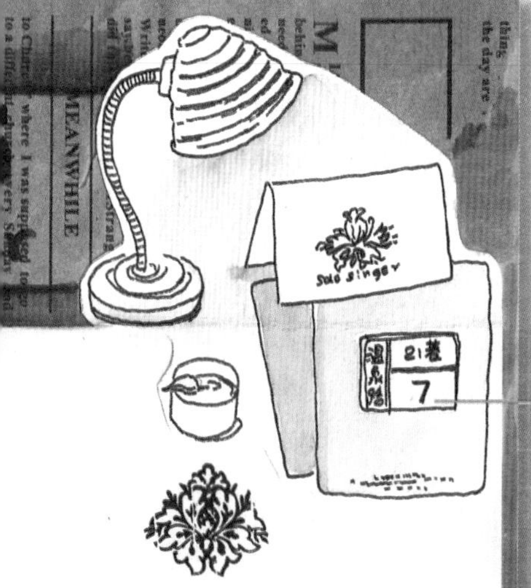
MEANWHILE
Solo Singer
Solo Singer Inn
夜幕降临，灯光照亮，
门穿过时间的长洞，置身超过半世纪
老旅社，交换机，沙发，壁灯，格子地
Dream

❷ 手绘素材也可局部上色，这样可以区分主次关系。

冬日台湾北部旅行

借用小素材固定欢迎卡

画好剪下再拼贴

旅行中虽然有许多的纸制品可以免费拿取，但难免遇到无法带走可又喜欢的小景、小物，简单勾勒物体的轮廓，并局部上色，会让手帐看起来更美。

手写的小卡片最温情

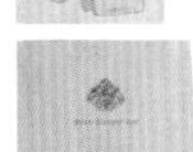

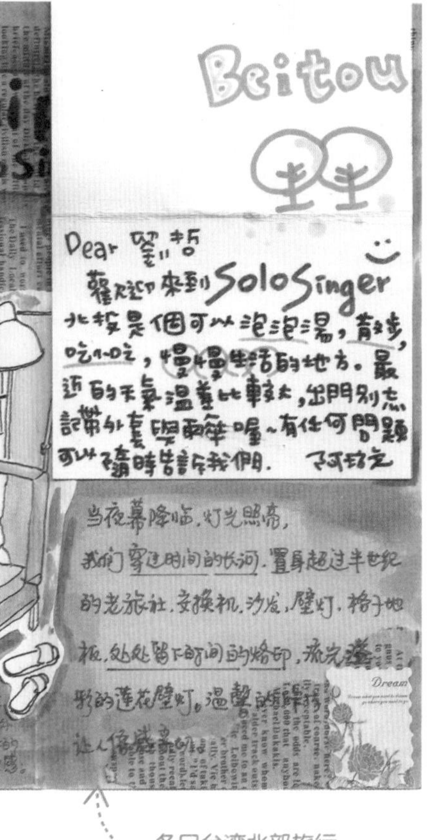

冬日台湾北部旅行

1 此页手帐以民宿房间为主要内容。素材包括欢迎卡、名片、手绘房间钥匙、沙发和台灯等细节图。因手帐纸张为牛皮纸，物体上色会颜色较暗，所以提前在水彩纸上画好。

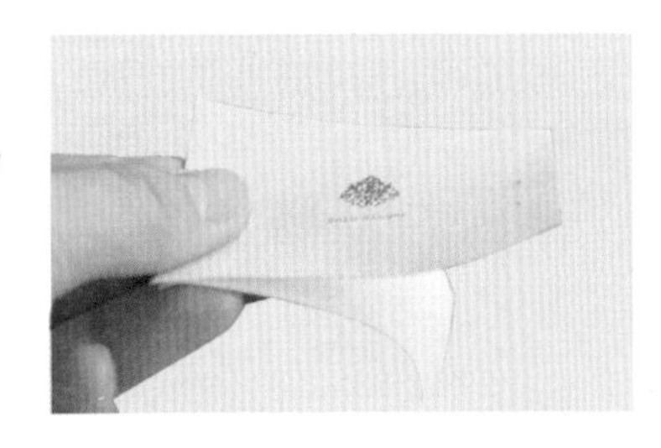

2 首先将名片正反面分离，在保留正面民宿 logo 和背面民宿地址信息的同时，还可以降低纸张的厚度。

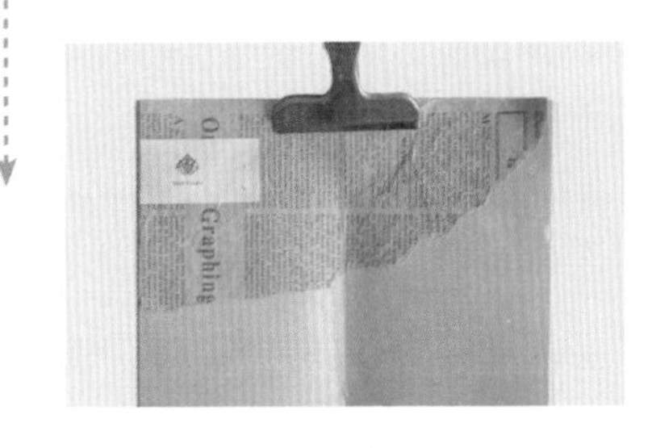

3 使用复古报纸做手帐底纹，撕成不规则的形状粘贴在手帐中，增加手帐的层次感，并将民宿 logo 贴在左上角标题的位置上。

4 选择具有民宿特色的小物件进行绘画，将绘制在水彩纸中的复古钥匙画剪下。

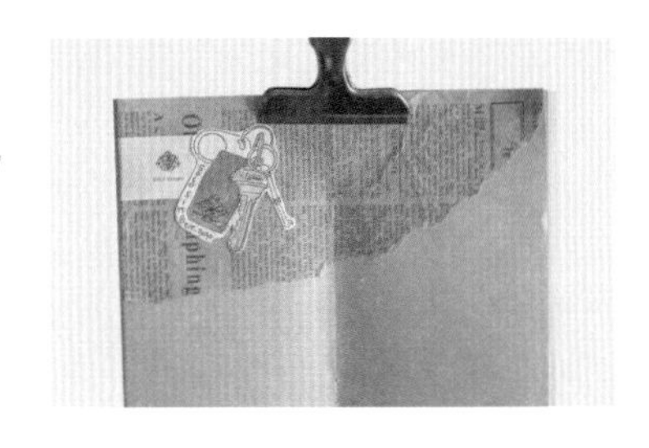

5 将钥匙图形粘贴在民宿 logo 旁边，同时用来遮挡住过多的白色部分。

6 在民宿 logo 的正下方粘贴名片民宿地址的详细信息，与上方内容相呼应。

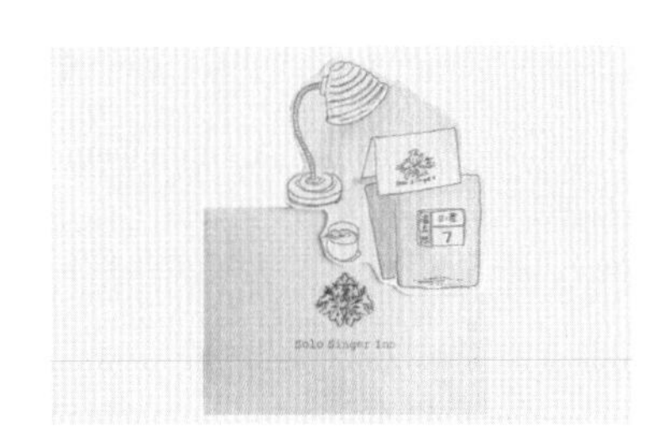

7 将手绘的台灯欢迎卡图片修剪后，避开民宿 logo 粘贴在欢迎卡的右上角使之成为一体，修饰欢迎卡的同时起到固定在页面的作用。

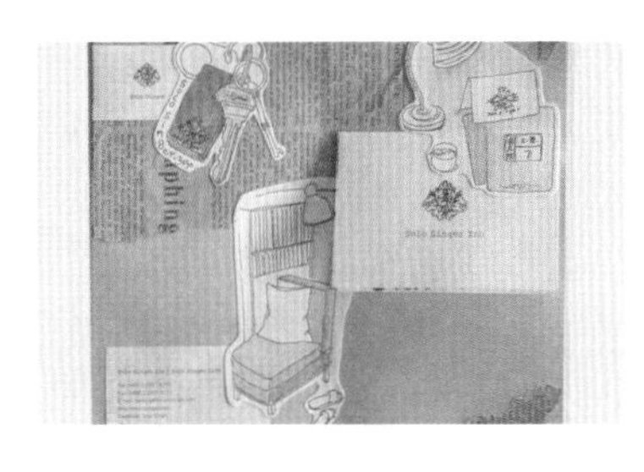

8 将制作好的欢迎卡粘贴在页面右上角，沙发图片贴在民宿信息与欢迎卡之间，起到过渡和页面分隔的作用。

9 沿着民宿 logo 钥匙的方向书写民宿标题，再书写页面内容，这样手帐就完成了。

4.4 承载记忆的交通出行

4.4.1 按照时间线展开出行信息

选择适合的出行方式，是完美旅行的第一步。

乘坐飞机时可得到的免费素材有很多，如机票、行李托运的标签，还有飞机上免费赠送的报纸、清洁袋、餐巾纸等。这类主题手帐可以使用以上素材进行页面创作。

Q 出行安全包含有哪些？

公共交通工具有飞机、火车、出租车、地铁、公交、马车等。

出行安全也包括特殊体验，如空中的热气球、高空跳伞、蹦极、滑翔伞，海洋中的深潜、浮潜、快艇等，都属于安全出行的一部分。（特别提示：涉及安全出行，一定提前购买保险！）

出发前的出租车票

飞机餐菜单

飞机餐照片

机票票根

香港夏日宣传册

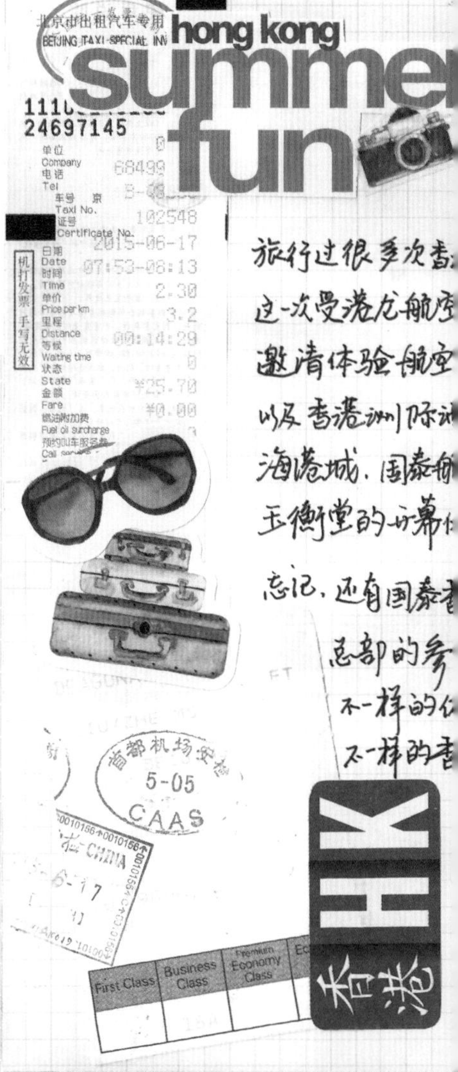

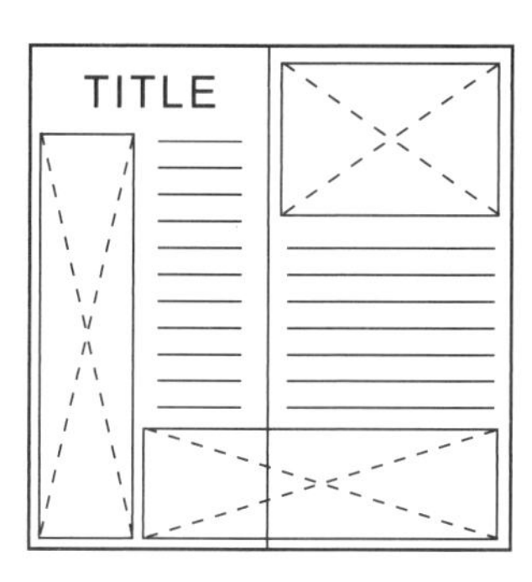

国泰航空香港旅行

按照时间线延展出行信息

Asian Delights

prepared a fant... iety of specialties from throughout Asi
...ment whil... region in ... The men
...ture ... n, Kore
...additiona
...y speci

DRAGONAIR
港龍航空

近期港龙航空与亚洲知
餐厅合作，目的是将陆地上的美
带到空中。此次商务餐是与北京中
大饭店瑜舍，夏宫合作的哟！
品味道超赞，服务当然也不差。

待夜晚下的香港美景。

录》，成为全球“最大型灯光音乐汇演”。参与汇演的建筑物
于维多利亚港两岸的建筑物即变身成为声光交织的表演舞
的音乐以及旁白互相配合，令香港的夜景更加璀璨耀目。

版式：包围式

划重点

单一机票构成画面会过于简单，设计时可由机票时间点延展出更多素材。

- 到达机场的打车票或巴士票。
- 航空餐照片和菜单。
- 印有航空公司 logo 的卡片。
- 目的地的城市名称和图片。
- 目的地机场赠送的免费地图。

2015 DAYS 8FEB

Goodbye Adelaide

SUN 08FEB NON STOP

INTERNATIONAL TERMINAL 1

DURATION 08:45

DRAGONAIR - KA 974

ON BOARD: REFRESHMENTS
AIRCRAFT OWNER: KA DRAGONAIR
COCKPIT CREW: KA DRAGONAIR
CABIN CREW: KA DRAGONAIR
EQUIPMENT: AIRBUS INDUSTRIE A321

DURATION 03:20

· 一切都很完美，只是乘坐的飞机时间有些长。
在机场免税店购买了茱莉蔻的系列产品，
还有绵羊油护手霜，送给家人当做新年礼
物，回国过春节喽！开心。
· 国泰及港龙航空的飞机餐味道很不错，
比泡在飞机上睡上17个小时，理想新的的

Menu
Economy

南澳大利亚返程

行程单、菜单、机场图片

按照时间线延展手帐画面

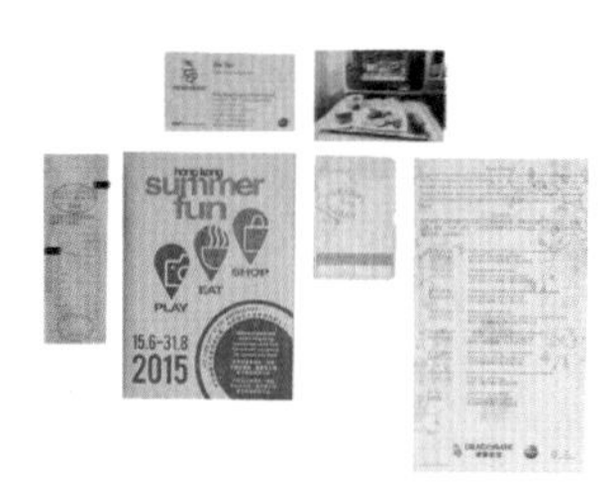

1. 收集的素材有出发前的出租车票、机票、航空餐菜单、美食照片，航空公司名片，香港机场拿到的免费旅游宣传册和卡片。

2. 将北京前往机场的出租车票粘贴在左侧页面，目的地机场收集的印有“香港夏日乐趣英文”剪下贴在打车票边上作为旅行主标题。右上方以航空餐菜单为底图，上面粘贴航空餐照片和航空公司 logo，下方为香港夜景图。

信息再多也不怕

斯里兰卡旅行出发转机

1. 当素材较多时，先将素材依次平放在手帐本上进行时间排序，结合页面大小尝试将所有素材一并贴入的同时，可以将出行经过完整地表述清晰再进行实际排版操作。

2. 手绘一个主视觉，其他素材作为辅助信息使用。将画好的主视觉剪下，将画面贴在黄色背景纸上，加强主视觉的冲击力。

3 左页下方空白处依次粘贴机票、目的地名称，与香港夜景图形成一个整体。打车票与机票之间，使用旅行箱、眼镜贴纸进行画面衔接，让行程路线成 L 形的走向。

4 最后，填写文字。整个页面完成了从家到机场、乘坐飞机、吃午餐、到达目的地的全部过程。

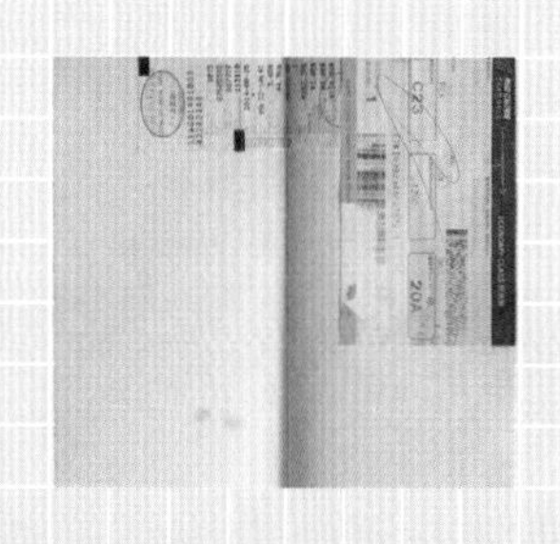

3 采用包围式进行排版设计，按照手绘主视觉信息，将对应的素材围绕页面粘贴即可，先粘贴出发地的出租车票和机票。

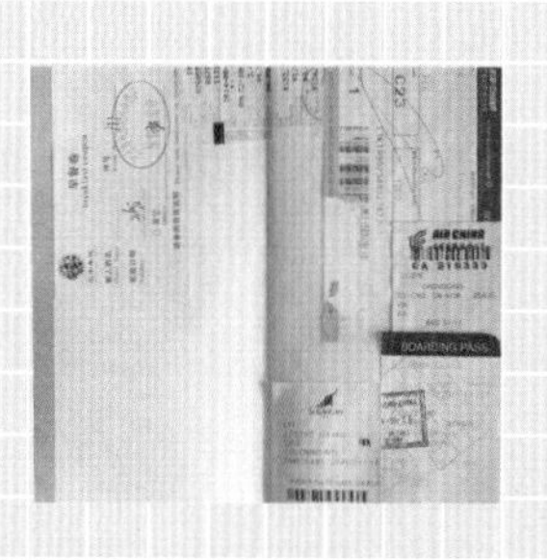

4 再粘贴转机城市入住酒店的早餐券，目的地机票和行李托运标签，左侧黄色胶带对应右侧机票蓝色部分。

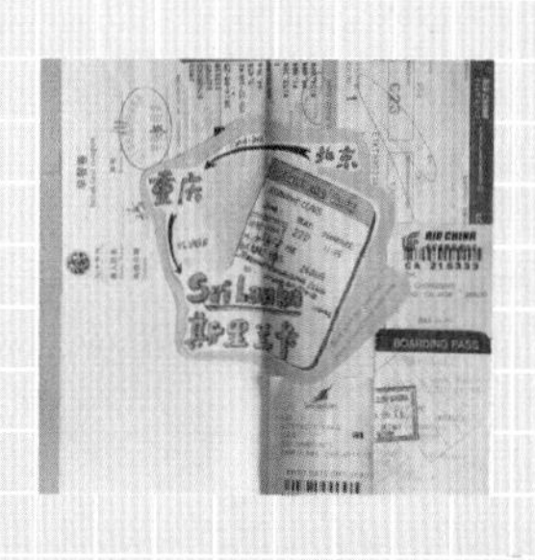

5 将剪贴好的手绘主视觉粘贴在页面中心位置，形成包围式的版面。

6 左侧页面下方空白处贴上手绘时的照片，选用英文和冰棒等贴纸修饰页面，让手帐看起来轻松愉快。

4.4.2 特别站点的记录

最喜欢乘坐火车去旅行，沿途看窗外景色的变换，看山看海穿隧道。

国内火车票的样式也从最初的浅红色纸质车票，变成现在使用更多的蓝色磁条车票，见证着国内铁路快速发展的历程，也记录着我们美好的旅行。

斯里兰卡酒店便笺纸

自制斯里兰卡手绘台历

晚餐照片

酒店照片

梵高固体水彩

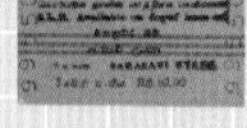

斯里兰卡火车票　　圆形贴纸

① 火车票上的条纹用作区分车厢等级，此票为三等车厢火车票。

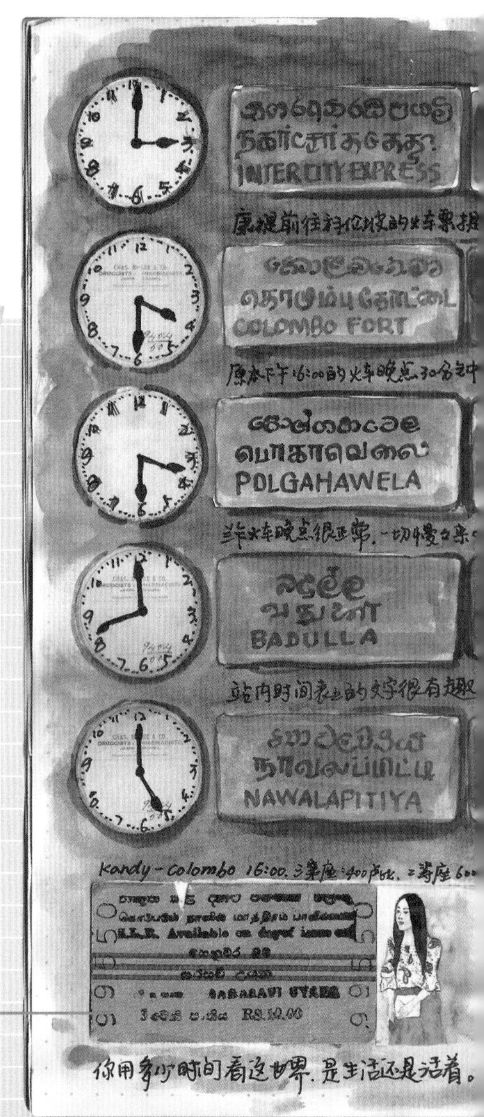

版式：对称式

斯里兰卡旅行乘火车

手绘不一样的火车站列车表

TANGERINE BEACH HOTEL
Kalutara, Sri Lanka
Tel.: 034 2237295 Fax: 034 2237794
eservations@tangerine.lk Web: www.tangerinehotels.com

2 手绘特别的酒店装饰，为旅行手帐增加不一样的效果。

3 酒店的实景照片同样必不可少。

国庆台湾自由行

盖不完的台湾火车站印章

手绘不一样的列车表

每个国家的火车票样式都各具特色，比如斯里兰卡小卡片的火车票，车票有粉色和紫色，而火车站的列车时刻表更吸引人，结合火车票一起记录下来吧！

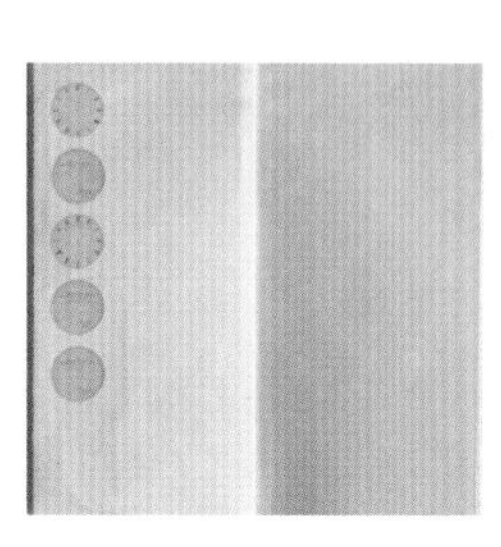

1 手帐按照时间排序，记录乘坐火车去酒店、酒店内部及酒店晚餐三项内容。素材有火车票、酒店照片、便笺纸及手绘的酒店玻璃球灯。

2 左侧内容为车站时刻表和火车票。使用钟表贴纸粘贴时刻表，如果条件允许，可使用手绘的方式。

3 右侧页面内容为酒店信息，先将印有酒店logo和地址的便笺纸粘贴在画面中间，分隔出酒店房间与酒店晚餐两个内容区域。

4 便笺纸上方粘贴酒店客房照片。将手绘玻璃球吊灯剪下装饰页面，便笺纸下方粘贴酒店晚餐照片，为突出酒店客房，晚餐图片进行了修剪。

5 左边列车时刻表下方粘贴紫色火车票和装饰人物。使用水彩将列车时刻表的图形和信息加以完善，右侧便笺纸中酒店logo周围添加海水波浪，突出酒店位于海边的位置。

6 最后在空白处书写文字，本页手帐就完成了。

斯里兰卡旅行体验“挂票”

照片车票组合画面

湖北黄石旅行

折叠火车票转场下一页

盖不完的台湾火车站印章

台湾火车站除车票需要保留之外，每站站台内都有印章，上面刻着火车站的图案和名称，这些独一无二的印章可以和火车票结合，让手帐页面更加有趣。

铁路旅行护照：每页印有台湾所有火车站实景图，并预留出加盖火车站印章的位置，游客可以在台湾纪念品商店购买，随身携带使用方便。如身上未带手帐本，可将印章盖在餐巾纸、面巾纸或车票上，方便日后用于手帐中。

1. 此页内容为从台湾松山站乘坐火车去花莲站，出发前吃了一碗美味拉面。乘坐火车为主要内容，吃面是次要内容。

2. 使用台湾黄色公文信封做背景纸，将页面 3/4 粘贴火车票和印章内容，另外 1/4 为美食内容。

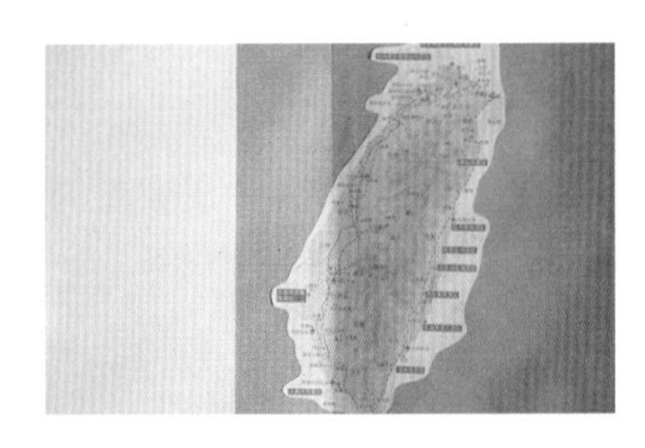

3. 将台湾旅游宣传册内页的台湾全岛地图剪下，粘贴在黄色背景纸中间，方便了解松山与花莲所处位置，黄色底图与绿色地图的搭配也很协调。

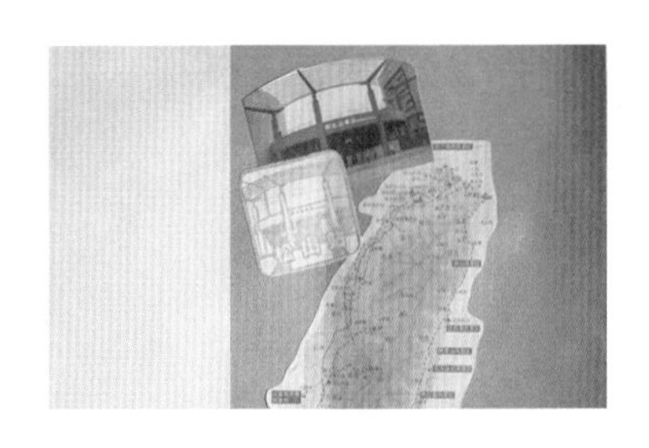

4. 将“铁路旅行护照”上松山火车站的实景图和印章剪下，粘贴在地图中松山火车站的位置上。

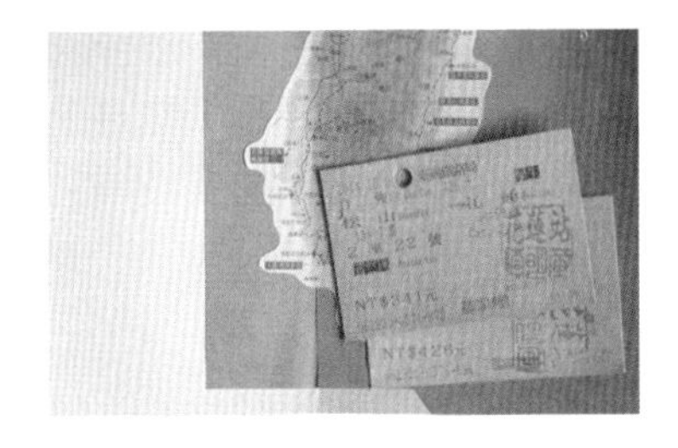

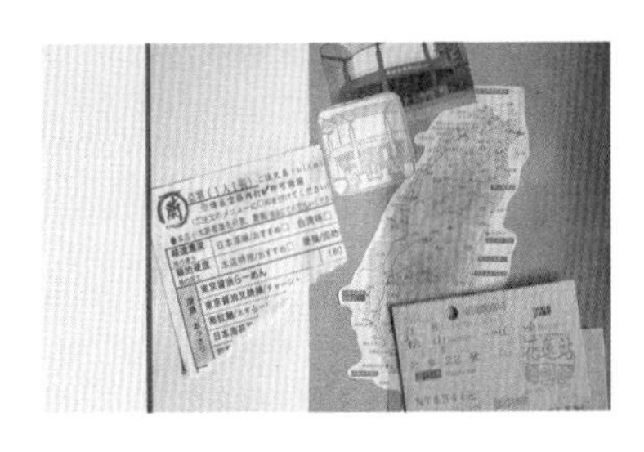

5 将松山至花莲的火车票粘贴在旅行地图相应的位置中，右侧页面基本完成。

6 左侧为美食内容，先将拉面馆菜单主要内容撕下粘贴在页面中间。

7 再将拉面馆的名片粘贴在左上角，黑色的名片与黄色的信纸形成鲜明的对比。

8 使用拉面图案贴纸为美食页面点缀，指南针和台湾“喔熊”贴纸调整页面的平衡。

9 使用水彩颜料给黑色名片添加红色背景，使其与信封底纹自然过渡。最后书写文字，手帐就完成了。

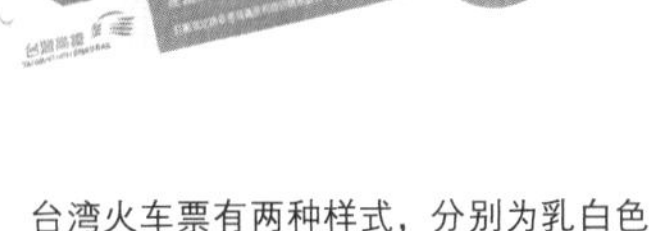

台湾火车票有两种样式，分别为乳白色的台铁车票和橙色高铁车票。
（可提前购买价格优惠的高铁早鸟票）

4.4.3 票据与线路图的完美结合

在城市里游走最便捷的交通工具就是地铁和公交巴士。记录地铁信息时，可以将地铁票与地铁线路图相结合，或是记录每站标志性的景点和图案。记录公交巴士信息时，可以将巴士票与城市地图相结合，两种方式都是不错的选择。

1 复杂的城市交通网络，没有地图怎么行。

韩国地铁线路地图

宜家剪刀

得力超强固体胶棒

信的恋人便利贴

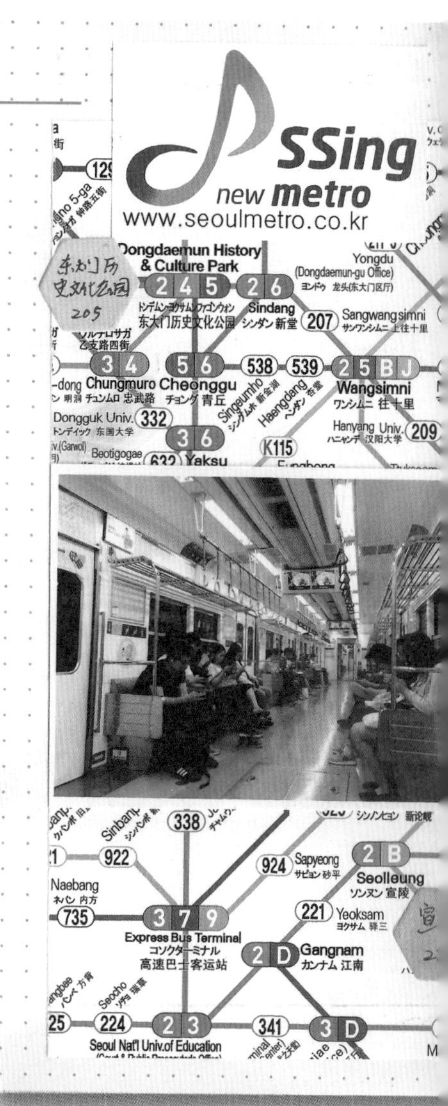

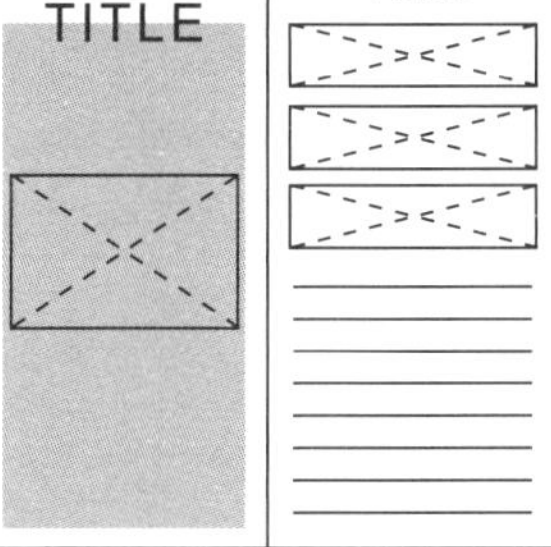

版式：居中式 + 对称式

韩国旅行乘坐地铁

在首尔买一张地铁票

Single journey ticket

一次性交通卡
销售机使用方法

在待机画面选择"一次性交通卡"

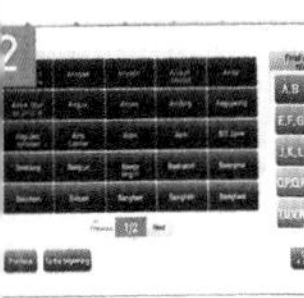

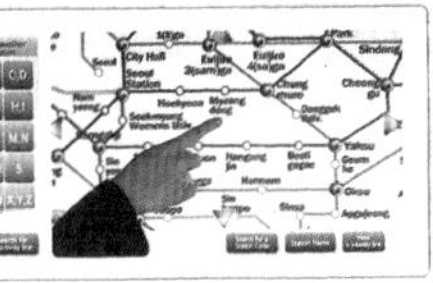

选择目的地站名

选择"路线检索"，
可在全体路线图中查找站名。

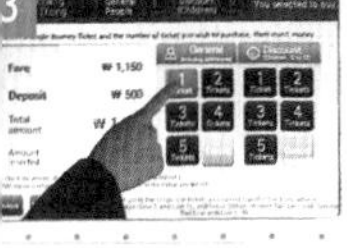

选择所要购买的交通卡数。

投入相应的金额，可领取交通卡。

韩国地铁内的导示设计及购票体验
都设计的非常合理。地铁站的每
一条线路和站名都有固定的编号，只
要输入编号就会显示购票金额。
今日决定去趟首尔江南一带转转，看
看富人区是什么样子。从东大门历史文化
园站乘2号线到宣陵站下车，也可江南

2 国内的地铁票有许多种样式，上海和杭州地铁票都是不同票价印有不同颜色或图案；南京和广州地铁票则为圆形硬币样式。也可以办理公共交通充值卡，台湾地铁悠游卡中，普通卡和学生卡的图案也各不相同。

香港、台湾公共交通卡

在首尔买一张地铁票

初次在国外乘坐地铁，常会遇到不知如何购票的情况，面对自动购票机不知所措，直到最后成功出票的喜悦，这些有趣的经历也很值得记录到手帐中。

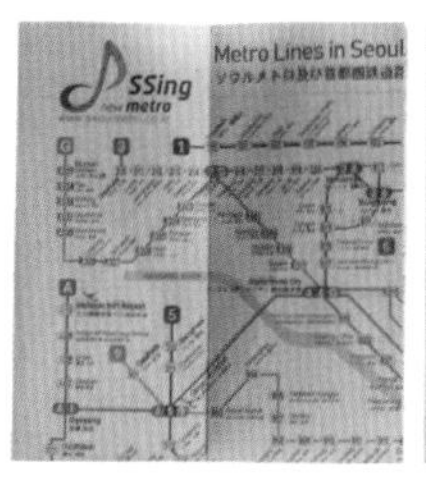

1. 首先在免费地铁线路图上找到出发站和到达站，将地铁线路图按照手帐尺寸剪下来。

2. 将剪下的地图粘贴在左侧页面，线路图上粘贴地铁标志，既有标题作用，也可用来修饰页面。

3. 右侧页面详细记录在不懂韩语的情况下，如何轻松购买地铁票的步骤，这些素材在免费地铁线路图中都可以找到。

4. 将拍摄于首尔地铁车厢内的照片放在地铁线路图中起点与终点中间的位置，使用彩色六边形便签贴纸标注起始点的名称和车站代码，这样左侧页面的内容从起点至车厢至终点的信息就连贯起来了。

韩国旅行行走步数

徒步也是一种旅行方式

5. 右侧上方为如何购买地铁票，下方为文字信息，整个手帐内容顺畅、一目了然。

在阿德莱德乘坐巴士

1. 页面内容为阿德莱德格雷尔海滩乘坐有轨电车去往购物街。有轨电车的车票需要验票收回，想要记录车票可以简单画下来，也可拍照留念。

2. 在免费城市地图中找到乘车的起点和终点，将乘车路线图所在区域从地图中剪下，并粘贴在页面中间下方位置，上方为标题位置。

南澳大利亚阿德莱德

3. 在地图中找到起点格雷尔海滩位置，粘贴有轨电车车票照片。

4. 终点位置粘贴购物街场景照片，分别在照片上下位置添加对应文字，使用水彩将起始点的名称作为标题写在页面上方，最后使用海滩和购物贴纸丰富页面。

4.4.4 底图和硬币的巧妙应用

与海洋有关的旅行有很多，如豪华邮轮、快艇、轮船等。以南澳大利亚阿德莱德前往袋鼠岛的船票为例，设计出好看的手帐页面。

① 使用硬币或瓶盖可以轻松制作日期符号。

德国施德楼针管笔（彩色 334 不防水）

手绘酒店早餐和去哪儿网吉祥物

袋鼠岛船票

乘船照片

梵高固体水彩

澳大利亚硬币

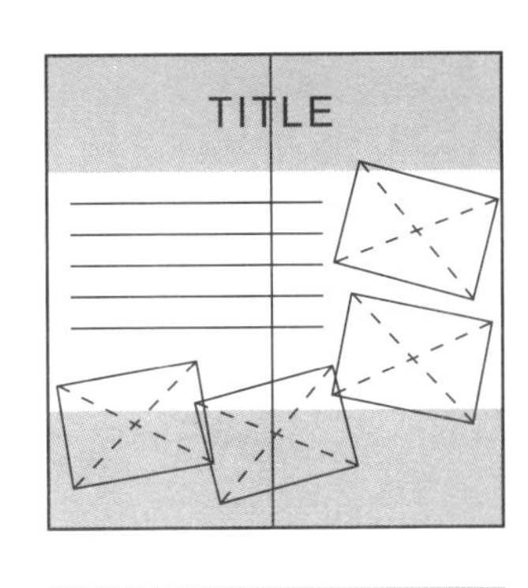

版式：包围式

南澳大利亚袋鼠岛

借用报纸做底图

2 使用德国施德楼针管笔（彩色 334 不防水）给画面勾边线，再用水彩上色，会产生漂亮的晕开效果。

南澳大利亚维特港

使用标签纸制作价目表

借用报纸做底图

乘坐飞机、入住酒店都可以获取免费报纸，印有日期的报纸首页可作为旅行剪贴本或旅行手帐的封面，报纸内页可作为底图使用。

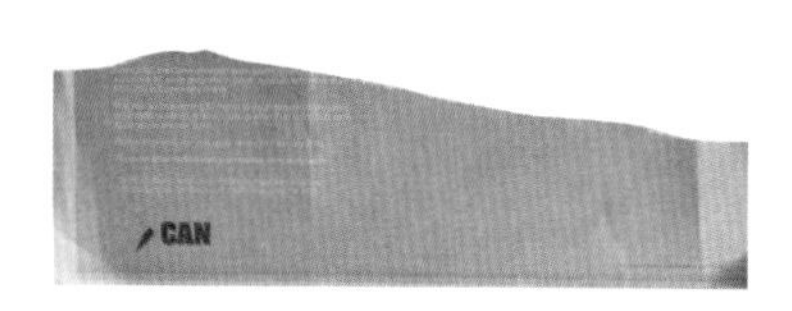

1. 手帐记录的主要内容是清早从阿德莱德港口乘船去袋鼠岛。素材有船票、港口照片、手绘的便携式的早餐。

2. 为让页面更加富有海洋的气息，在当地免费报纸广告中找到面积较大的蓝色版面，将其用作手帐的背景纸。（报纸用手撕，效果更佳）

3. 将撕好的报纸粘贴在页面正下方，然后依次粘贴港口码头和游船的照片，注意要露出蓝色报纸部分。

4. 船票正面是邮轮外观图，反面是乘船人姓名和时间，将船票进行正反分离，将船票背面信息贴在蓝色背景纸上，可以很好地衬托出票面轮廓，船票正面则贴在其上方。

5. 将提前在水彩纸上画好的便携式早餐图片粘贴在页面右上角，整个页面的颜色立刻明亮起来。

6. 先用澳大利亚硬币的轮廓画出日期符号，符号内添加旅行的年、月、日及旅行天数，最后用水彩颜料写上袋鼠岛的英文作为本页标题，再书写内文即可完成。

使用硬币制作小标签

旅行中最好的模具就是随身携带的硬币、矿泉水瓶盖、胶棒和口红的盖子，这些不起眼的小物件都可以拿来灵活运用。

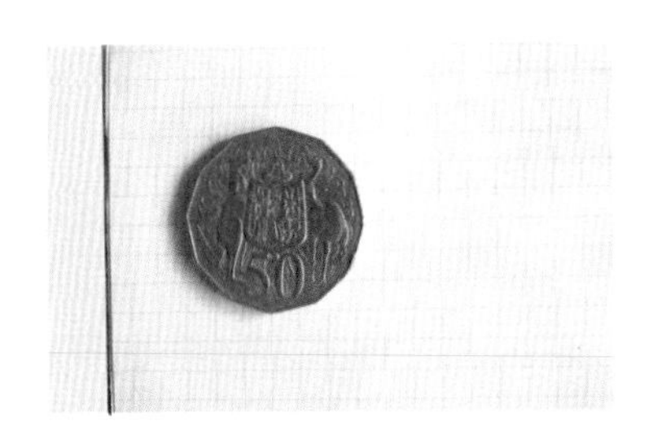

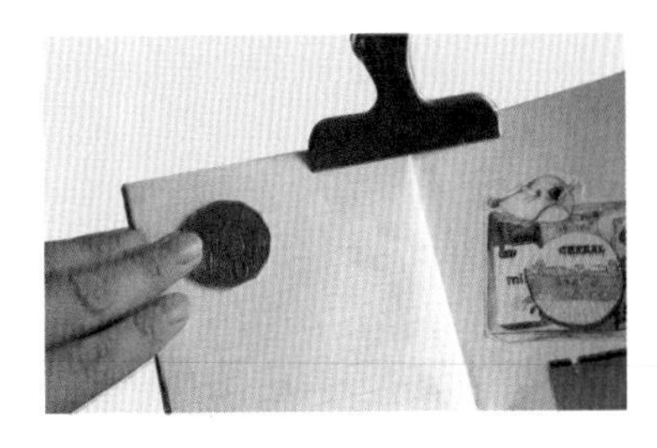

1. 澳大利亚的硬币形状大小有许多种，选择形状有特点的为佳，比如有 12 条边的 50 分澳币就很独特，借用硬币的轮廓设计一个专属于此次旅行的视觉符号。

2. 首先，硬币摆放在想要画标签的位置上，使用钱币画出硬币的轮廓线。

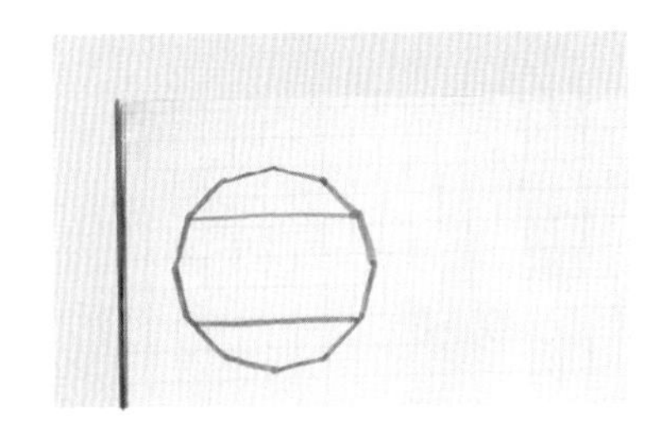

3. 再使用水彩或水彩笔将轮廓线描边，根据内容划分区域。上边为年份，下边为月日，中间为旅行中的第几天。

4. 上下写好年月日，中间天数部分可以画出凹版的效果，这样视觉符号会更醒目。

南澳大利亚旅行
飞机抵达阿德莱德

旅行每一天都可以使用视觉符号标注旅行日期。

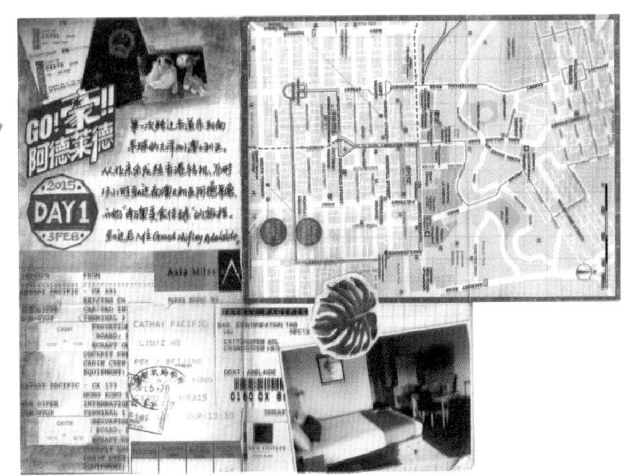

4.4.5 折叠地图入手帐

出门旅行必备城市地图，虽然现在手机上网非常方便，但难免遇到信号不佳，无法随时保持网络畅通的状况，手边有目的地的城市地图就不会有这样的担心。

Q 在哪里能得到城市地图？

- 抵达目的地机场或是火车站之后，寻找总服务台或问讯处，通常会有免费的城市地图可以自行拿取。
- 旅游景点附近通常会设有游客服务中心，提供免费旅游咨询服务，还可以索取免费城市地图和旅游景点宣传册等相关信息。

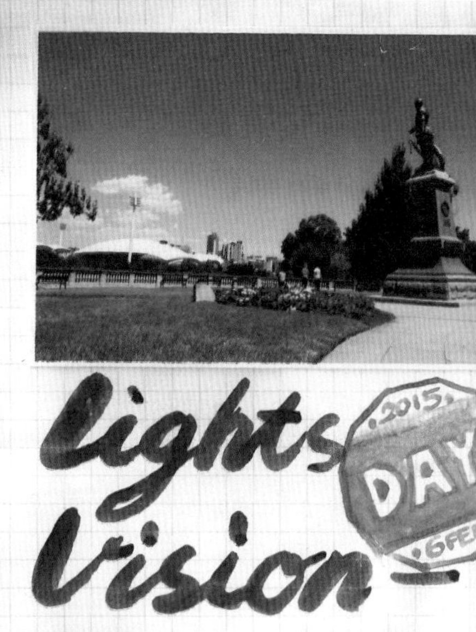

阿德莱德地图

澳大利亚硬币

莱特瞭望塔照片

南澳大利亚莱特瞭望塔

轻松折叠地图入手帐

和电车的停车站点基本上是确定的，所以只需在停车时自行手动或按开门键开门即可。乘坐巴士下车时需要示意，可以通过车内按钮告诉司机。

票的种类　Ticket

电车、近郊火车（以下简称火车）、有轨巴士的车票是通用的。学生可以购买票。

(Daytrip)
不限次乘坐。打票当日的所有服务时间内有效。

票 (Visitor Pass)
3 日（72 小时）不限次乘坐巴士，火车和电车。

票 (28-day Pass)
以内无限次乘坐巴士，火车和电车。

票 (All times zone single trip)
起 2 小时有效。2 小时内自由乘坐，换乘。

忙票 (InterPeak)
上午 9 点 1 分至下午 3 点自由乘坐。比普通的有较大幅的优惠。

有轨巴士

卡（普通）
卡可以在阿德莱德地铁或阿德莱德火车站的服口和各书报店等都可以充值。乘车比单程票便宜。在非繁忙时间乘车会自动按折扣款，用地铁卡乘车也很方便。（另行收取地铁卡工本费 $5）

卡（2 section）
在限定的区间内乘车，但不能换乘。限定区间是指，乘坐火车时包括乘车站在内个站；乘坐巴士时则不以停车站数为限，而是限定距离，路线图（时刻表）上有划分。

方法
莱德地铁总括管理巴士、电车、火车、有轨巴士的地铁卡和车票。市内的阿德莱铁(Info Center)，阿德莱德火车站的服务窗口、书报店、邮局等都可以购买。火车、的车厢里面有售票机；巴士、有轨巴士可以在司机处购票，但需注意地铁卡不可乘车时购买。

elaide Metro 费用

费用 2014 年 4 月	Regular（成人）	Teritary Students & Concession（大学・专门学校）	Secondary & Primary Students（小学・初中・高中）
地铁卡（成人）	$3.19 / $1.75	$1.57 / $0.84	$1.05 / $0.84
卡（2 section）	$1.73 / $1.34	—	—
单程票	$4.90 / $3.00	$2.50 / $1.30	$2.40 / $1.30
日票	$9.10	$4.50	$4.50

边为平时价格，右边为非繁忙时价格。
岁以下的小孩免费。

阿德莱德生活便利号码

急电话
mergency Call ☎「000」 告诉接线员需要的是 Police/警察、Fire/消防或 Ambulance/急救车，以及住所位置 (suburb)。

察以外的紧急情况	13 1444	政府紧急服／State Emergency Service	1300 300 177
院／Royal Adelaide Hospital	8222 4000	汽车故障・道路服务／RAA	13 1111
院／Women's & Children's Hospital	8161 7000	号码查询／Telephone Directory Assistance	12 455
／Poison Information Centre	13 1126	天气预报／Weather	11 96
来水／SA Water	1300 650 950	叫醒服务／Early Morning & Reminder Calls	12 454
		的士／Adelaide Independent Taxi Service	13 2211

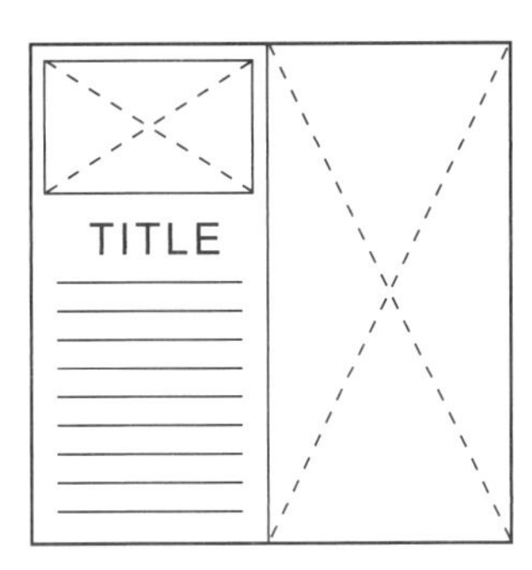

版式：三分式 + 居中式

划重点

遇到比较重要的地图或者宣传册请索取两份，避免使用时发现资料正反面信息都很重要，反而难以取舍。

南澳大利亚格雷尔海滩

拼出游玩线路图

轻松折叠地图入手帐

通常免费城市地图上都会有许多商品广告，根据内容需要剪下必要信息即可。地图折叠放入在手帐中，避免损坏又方便查看。

1. 此页手帐内容为阿德莱德城市的建设历史，选择阿德莱德市区地图和城市规划设计师雕塑的照片。

2. 将剪下来的市区地图根据尺寸大小，选用合适的折叠方式贴入手帐内页。

3. 市区地图按照手帐大小折叠后反面信息与实际内容不相符需要进行遮盖。

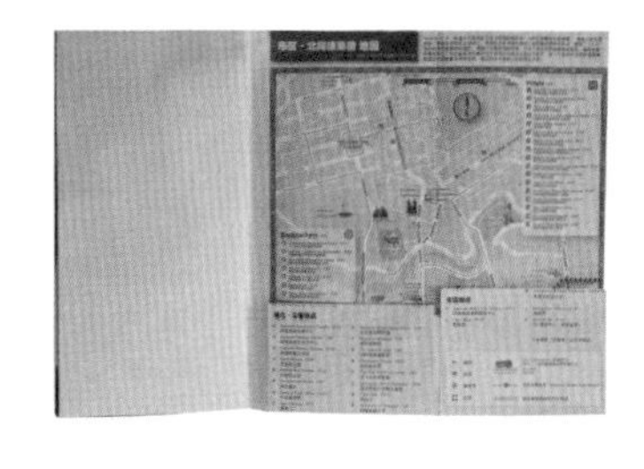

4. 在地图中找到观光主要地点和生活地点的信息粘贴在地图反面的位置上。

5. 将莱特瞭望台的照片粘贴在左侧页面上方，因为照片颜色和摆放位置醒目，可以很好地突出页面主题。

6. 配合页面照片和地图添加手帐标题，硬币日期标识起到修饰的作用，页面下方书写内文。

拼出游玩线路图

根据设计的游玩路线，将收集来的目的地地图、景点宣传册等纸制品，制作出游玩线路图。

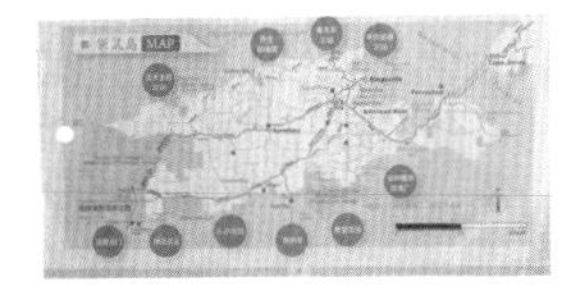

① 袋鼠岛游玩线路图。首先找到旅游地图中的袋鼠岛地图并剪下。

② 在地图或者旅游宣传册中找到景点的图片，剪下备用。

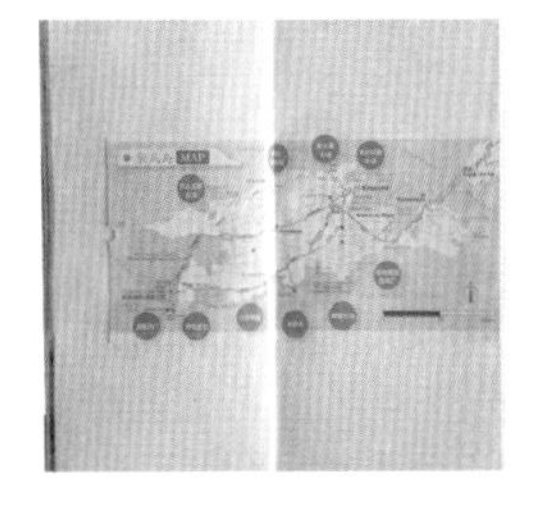

③ 将袋鼠岛地图粘贴在页面中间的位置或上下空出的位置，方便粘贴景点图片。

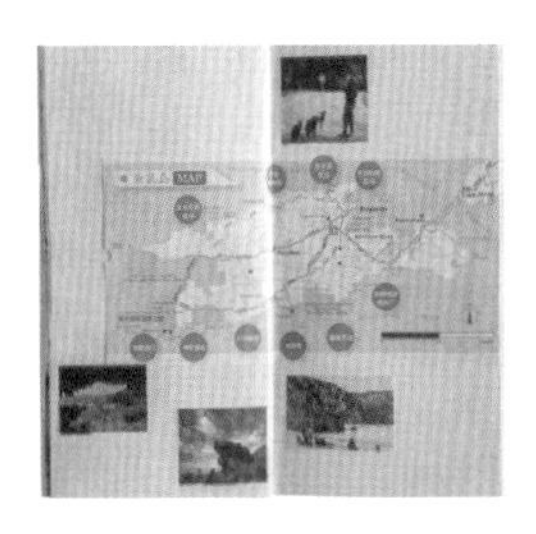

④ 按照地图中蓝色标注景点，粘贴对应照片。照片粘贴的位置尽量上下错开，方便填写文字。

南澳大利亚袋鼠岛

⑤ 最后在左上角标题的位置，使用水彩颜料手绘袋鼠画面，并填写标题和图片说明。右下角画出特别的企鹅路牌，进行页面装饰。

Hahndorf
汉多夫小镇名字是以船长的名字命名，是澳大利亚历史上最悠久的现存德国移民地。从1839年普鲁士人和东德人到此定居至今，已有170多年的历史。
走进汉多夫迎面而来的浓厚的德国风情，街上有画廊、手工艺店和美食餐厅。非常美的小镇。

chapter 5

手帐中的旅行目的地

旅行的目的地的选择与每个人的兴趣爱好有直接的关系。目的地有你最想要游览或者游玩的项目。旅行中最常见的四种游玩类别分别是：

1. 慕名而至的名胜古迹
2. 逛不完的博物馆
3. 心心念念的动物园
4. 探索奇趣的大自然

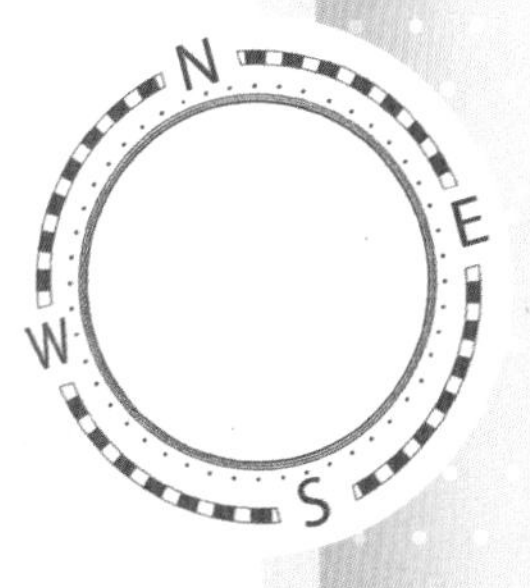

让我们一起在旅行中学习与成长，开启旅行手帐的新生活。

世界是一本书，
而不旅行的人们只读了其中的一页。

——奥古斯狄尼斯（古罗马哲学家）

纸制品收集参见 P36 页中的游玩类别。

5.1　慕名而去的名胜古迹

世界上的名胜古迹数不胜数，一生也未必看得完。选择最容易实现的目的地作为开始，目标才会越来越容易实现。通常名胜古迹的门票正面印有景点照片，背面为景区内游览路线图，有时还有景区手绘地图单独售卖。

Q　旅行中我们去看什么，玩什么？
选择自己感兴趣的地方，可以是记载着人类千年文化的名胜古迹；可以是各地的名山大川；也可以是无价之宝汇集的博物馆。世界那么大，终究有让我们心生向往的地方。

斯里兰卡旅行狮子岩

保留折页门票四个页面

手绘婚礼上的女孩

斯里兰卡婚礼及狮子岩照片

狮子岩折叠门票

单色和纸胶带
和纸胶带分装板

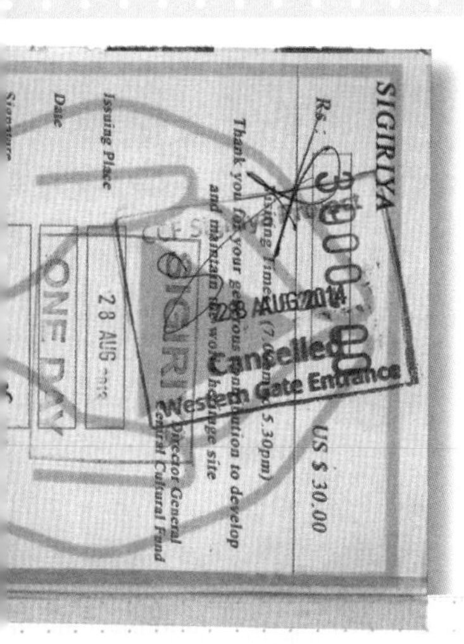

里兰卡之前，并没有查找狮子岩的历
到检票入园后，穿过河流、道路
走近，这才看到巨大的石山，如一座
，随着台阶不断升高，风也大起来，
被风吹走。延着螺旋楼梯登顶，
超美的壁画，绘制的女性人物造
美，色彩极为艳丽，给人的视觉感
别震撼。无法想象古人是如何在此
并保存如此完整。

IRIYA 狮子岩
ion Rock

里兰卡游玩，必看三大景点，狮子岩，
的佛牙寺，加勒古城。狮子岩被誉
界八大奇迹"。

版式：对角式

划重点

国内景区入口处通常有景区详细地图，可以拍下来防止日后手帐记录时忘记路线和景点名称。每个景点旁边会有该景点的历经年代、何时何人修建、发生过什么事情等详细信息，这些信息更为准确，可以直接写入手帐中。

韩国旅行参观景福宫

门票正反面分离

保留折页门票四个页面

当旅行中遇见超长尺寸或折页式门票时，可通过抽拉形式（可参照本书 P175 制作）或“跨页”的方法将门票完整地保留下来。

斯里兰卡
狮子岩折叠式门票

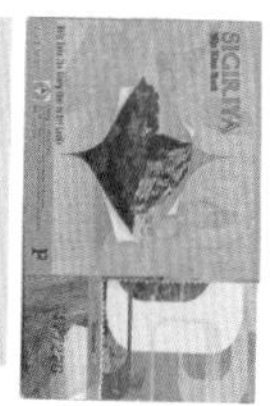

1 斯里兰卡狮子岩景区的门票为折页样式，正反面内容及内页信息都很重要，想要同时保留需要将折页门票“跨页”才能实现。（这里的“跨页”指折叠门票搭在手帐页面上面。）

2 去往狮子岩的路上，午饭休息时巧遇当地婚礼，将婚礼现场照片和手绘的孩子们粘贴在手帐中。

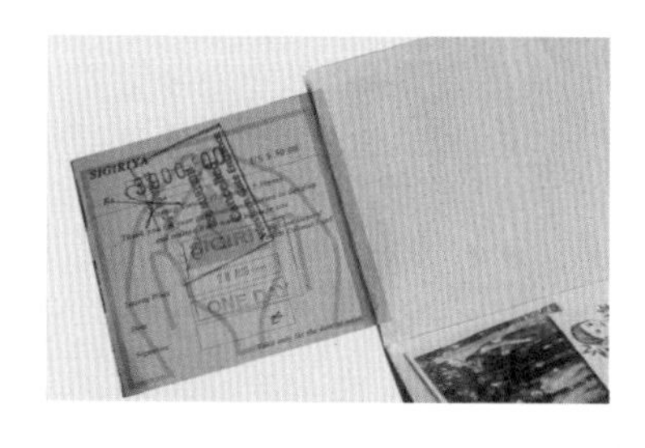

3 将折页门票搭在手帐页面上方，门票封面在手帐前页，门票封底在手帐背面页，用和纸胶带将门票固定在手帐中。

4 门票背面同样用和纸胶带将其固定在手帐中。如遇门票尺寸过大时，可选择更宽的和纸胶带来固定。

5 在门票封面下方顺势粘贴狮子岩全景照片。

⑥ 左侧页面为婚礼照片和文字，右侧门票封面翻开的空白处书写游览狮子岩的感受。

⑦ 门票背面页中，可以顺着门票粘贴狮子岩精美壁画照片，照片长度和门票宽度尽量一致，保持版面整齐。

斯里兰卡旅行狮子岩

⑧ 以门票长度为辅助延伸线，粘贴纪念照片和手绘狮子岩局部图片，黄色贴纸和图案营造出页面气氛。

⑨ 纪念照片下方手绘狮子岩经典壁画，最后根据图片填写文字内容，关于狮子岩的手帐页面就做好了。

5.2 逛不完的博物馆

想要了解一个国家或一座城市的历史变迁，一定要去当地的博物馆看看。北京故宫博物院、首都博物馆、陕西历史博物馆、台湾故宫博物院等，国外的法国卢浮宫、伦敦大英博物馆、纽约大都会博物馆等。这些博物馆的门票都非常精美，可以结合展品、展览宣传册、馆内文创用品进行手帐设计。

韩国国立民俗馆宣传册有多种语言版本，封面颜色各有不同。

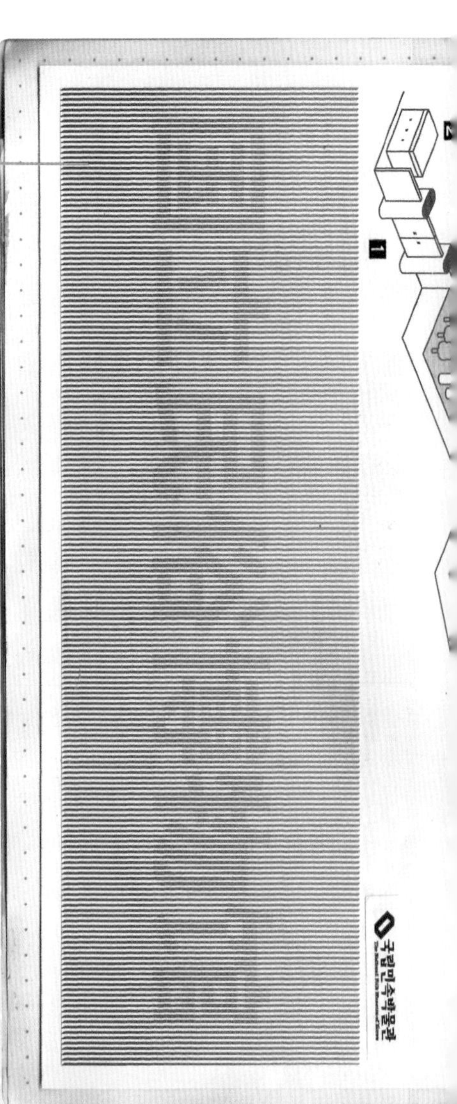

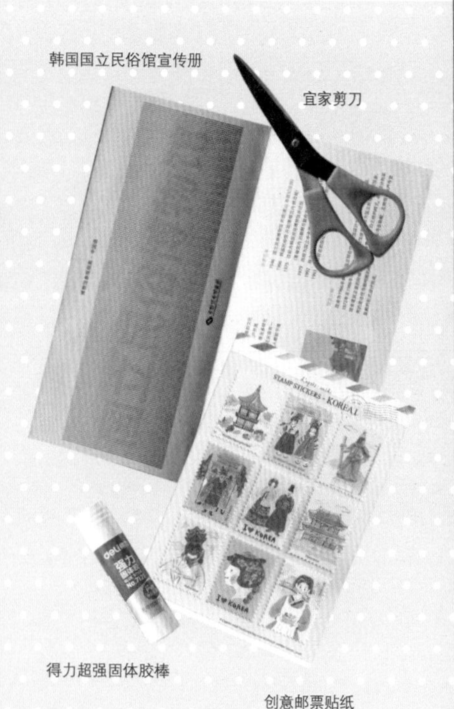

韩国国立民俗馆宣传册

宜家剪刀

得力超强固体胶棒

创意邮票贴纸

韩国旅行国立民俗馆

如何保留完整的三折页

俗博物馆是一个展示、体验韩民族生活民俗文化，并提供相关教育的文化有3个常设展厅（基本陈列）、2个特别展厅和可观览传统民居的户外展设展厅展示的是从史前时期到现代韩民族的生活文化；特别展厅推出多样化举办专题展，不仅限于国内，还包括国外的民俗。此外，馆内还另设有一博物馆，致力于建立起一个无论年龄、性别、国籍差别，任何人都能尽情多元文化型复合文化空间。

博物馆网站

展厅内有许多写有汉字的文物，特别是"孝悌忠信礼义廉耻"，文字内容不仅意义深刻，而且图案也非常精美，值得驻足欣赏。

儿童博物馆

儿童博物馆由1层常设展厅和2层特别展厅两个部分构成。
儿童博物馆的展览以看、听、摸和体会感受等五官体验为基础，采用讲故事的方式引发孩子们的好奇心，促使其进行自发性的探索。除了韩国传统文化以外，儿童博物馆还以多元文化等多种多样的内容为主题，每2年为一个周期更新展示。
现正在展示的是'我们一起玩吧——棋子，棋盘和骰子的世界'，以及'走入兴夫的故事'两个主题。展馆前面的院子备有可以体验传统游戏的玩具。

儿童博物馆

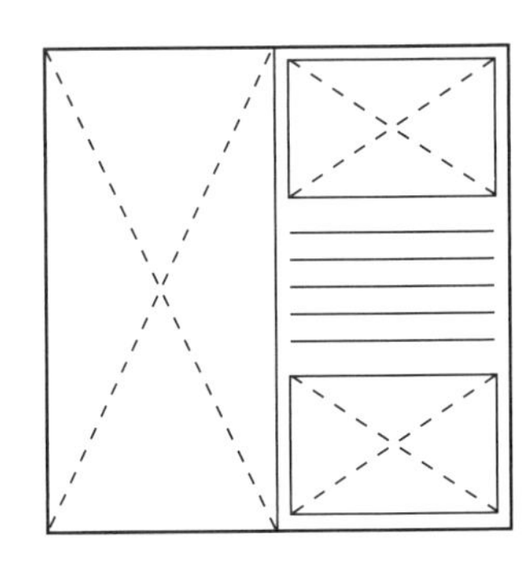

版式：居中式 + 三分式

韩国旅行参观美术馆

同一个画展两种版式

如何保留完整的三折页

通常三折页折叠后的尺寸（长 21cm× 宽 9.5cm）不会超出标准旅行手帐本的尺寸（长 21cm× 宽 11cm）。

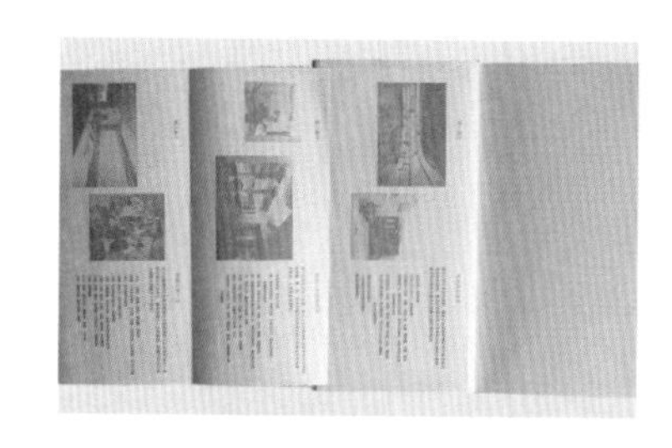

1. 素材内容有博物馆宣传册，馆内文创邮票样式贴纸。首先需要将素材进行整合，将重要信息从折页中剪下。

2. 将折页中博物馆内三大主题展览的详细介绍粘贴在手帐中。

3. 在折叠后的折页背面贴入国立民俗博物馆。折页展开后是博物馆全景图，与国立民俗博物馆主题相呼应。

4. 手帐右侧粘贴手绘展品和博物馆的文字介绍，页面下方是儿童博物馆的信息，使用文创邮票贴纸点缀页面。

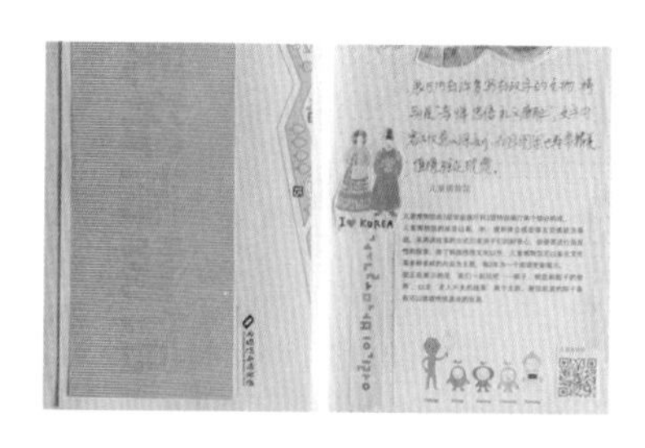

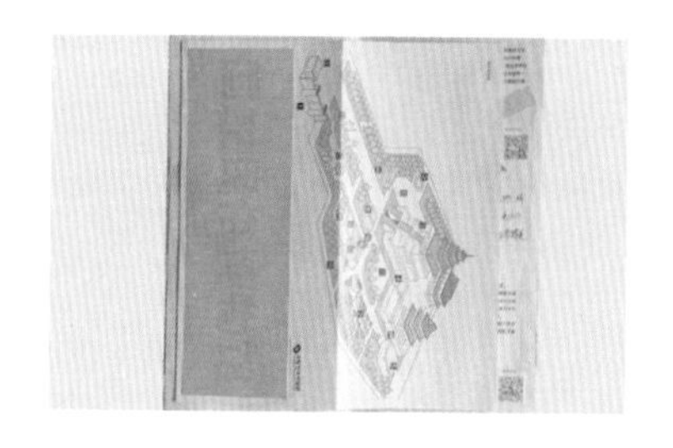

5. 添加文字内容，在空隙位置加入二维码信息。

6. 这样国立民俗博物馆的手帐页面就做好了。

超常规折页的取舍

想要将超常规折页中的重要信息都粘贴在手帐中，那么在收集资料时尽量索取两份，避免发生正反面信息取舍的问题。

1. 常规三折页尺寸为 A4 纸张大小，折叠后为长 21cm，宽 9.5cm 的长方形，可以直接放入手帐内。此展览折页长度超出 21cm，需要进行画面裁切。

2. 折页封面裁切掉的部分背面是展览内容的第一部分主题。封面剩余部分不影响表达页面主题，当作背景色贴入手帐中。

3. 选取折页封底介绍展览的英文部分，贴在画面上方主要位置，不要遮盖住展览文字“马”的字样，将展览三部分内容的副标题和图案分别剪下，沿展览英文介绍部分顺势排序。

韩国旅行国立民俗馆

4. 文字和文创邮票贴纸点缀，超常规展览折页轻松贴入手帐中。

划重点

想要旅行手帐每个页面与主题风格一致，除了颜色围绕同一色系，标题统一风格之外，也可以用同风格的贴纸点缀其中，让旅行手帐更加有序。

5.3　心心念念的动物园

动物园和水族馆是大人孩子都喜欢的地方，可以在手帐本中画出动物园里笨笨的大熊猫、高高的长颈鹿，水族馆里五光十色的漂亮水母、慢悠悠的海龟，记录与人类共同生活在同一个地球的可爱动物们。

峡谷野生动物园宣传册

报纸中的峡谷野生动物园信息

抱考拉照片

动物印章

澳大利亚硬币

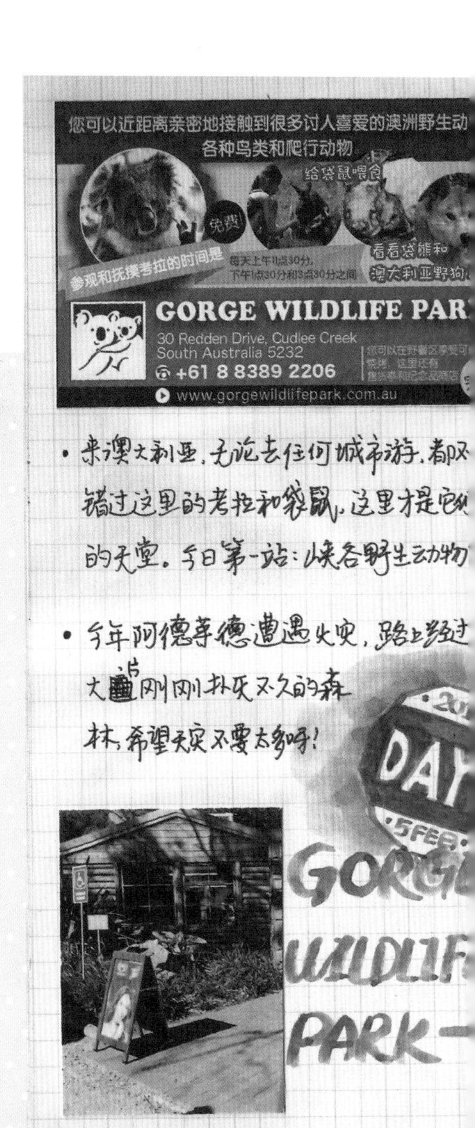

南澳大利亚峡谷野生动物园

选择最爱的动物进行记录

le a Koala!

one of our Koalas! These cuddly little als are taken from their enclosure by a to meet our visitors, three times a day.

es: 11.30 am, 1.30 pm & 3.30 pm.

nds of the Gorge

a "Friend" and receive:

ur yearly admission pass

idge Magnet

oncession on family members

embers (16 years & over)	$40.00
Members (Under 16 years)	$15.00
2 adults - 2 children)	$100.00

E WILDLIFE PARK
Redden Drive
idlee Creek SA 5232
: (08) 8389 2206
(08) 8389 2332

gorgewildlifepark.com.au

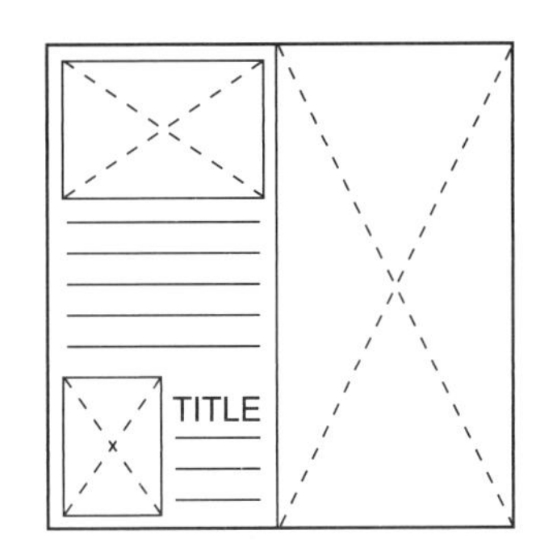

版式：三分式 + 居中式

单色宣传单也可以根据自己的喜好添加颜色。

南澳大利亚袋鼠岛海豹湾

用色彩和照片装饰单页

选择最爱的动物进行记录

参观动物园或水族馆的时候，不可能将所有看到的动物都纳入手帐中，选择最喜欢或印象深刻的动物进行记录吧！

1. 此页内容以南澳大利亚阿德莱德的岩石野生动物园的宣传三折页、动物园报纸广告和纪念照片为主要内容。

2. 保证三折页六面随时可以查看，使用和纸胶带将折页固定在手帐中，使之成为手帐夹页。

3. 报纸剪下的动物园广告粘贴在左侧页面上方，动物园入口处照片贴于左下角。

4. 抱考拉的个人照片贴在右侧页面，与动物园三折页封面上的考拉呼应。

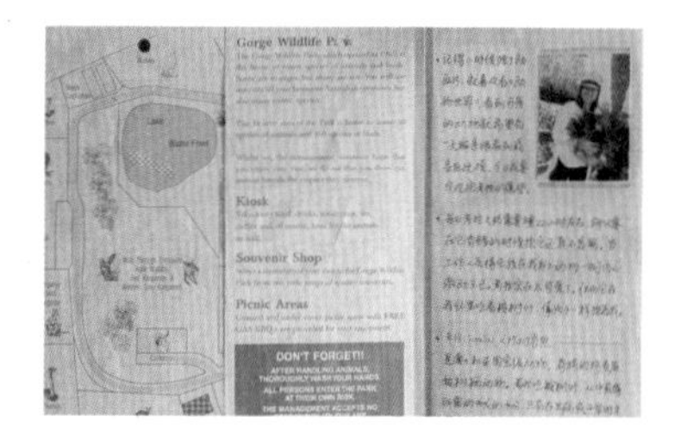

5. 动物园出入口照片旁边填写动物园名称和日期标签。

6. 将了解到的考拉的生活习性和此次游玩野生动物园的感受写入手帐中。

选择最爱的动物进行记录

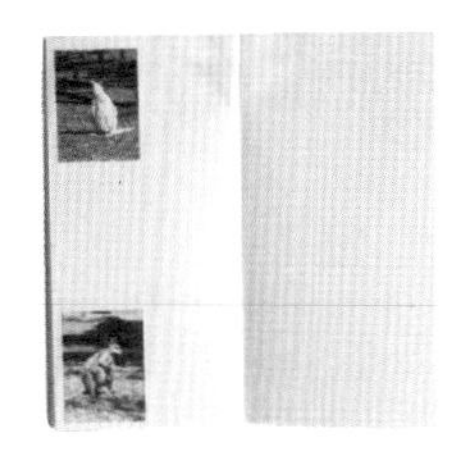

1 每次逛动物园总会认识几种新动物，将了解的新知识记录在手帐中。记录动物可以采用手绘、拍照、印章等方式。

2 选择喜欢的四个动物照片，按照完全对称的排版形式排布。

3 四张照片尺寸相等，无主次关系，分别粘贴在页面四个对角。

4 根据文字多少绘制书写区域，区域边线外书写照片中动物的英文及拉丁文名称，动物详细情况写入边线区域内，如有动物的印章，也可以加盖在页面上，使页面更加丰富。

南澳大利亚
峡谷野生动物园

5.4 探索奇趣的大自然

人们对大自然的向往与生俱来。国内外有无数的秀美山川，如珠穆朗玛峰、黄山、华山、泰山等，在大自然中观看特殊的自然景观、地形、地貌，观察植物的叶子和花瓣，看它们自然生长是件多么美好的事情。

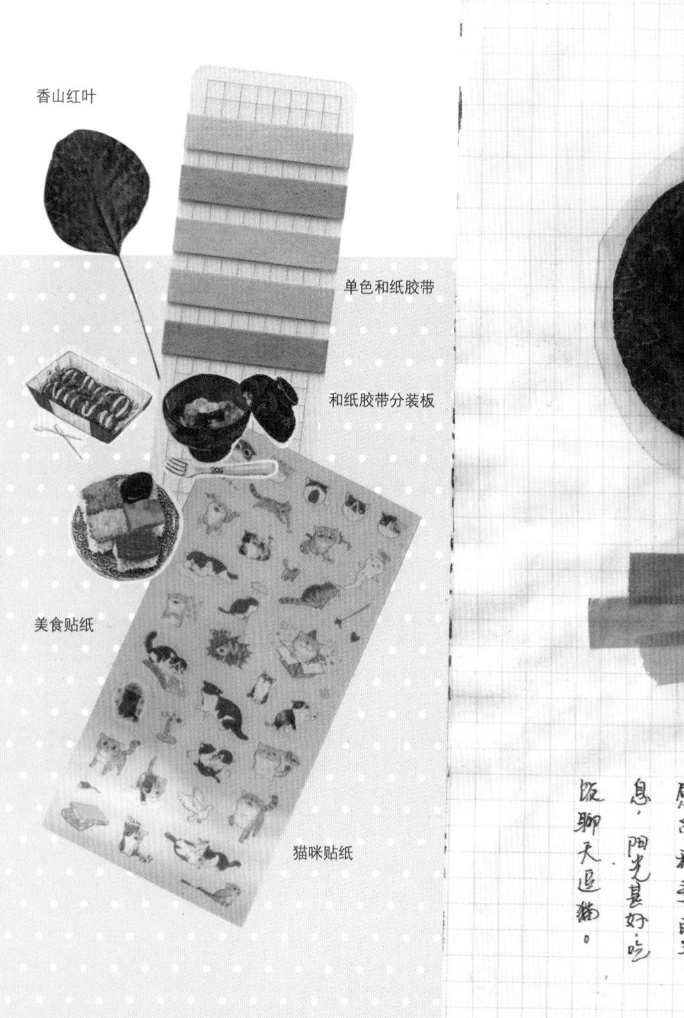

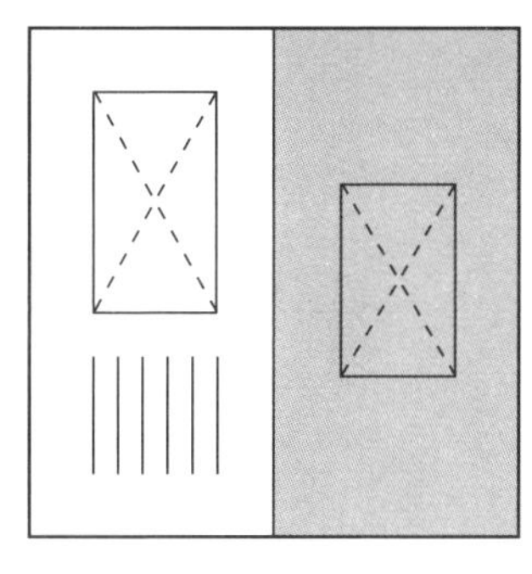

版式：居中式

北京香山公园

让树叶不褪色

划重点

采集树叶前记得带本有厚度的本子或者书籍，方便收集树叶和花草。

北京香山公园

用树叶装饰照片

让树叶不褪色

在自然界中许多花瓣、树叶都可以通过以下收藏方式保存下来，将它们定格在最美的瞬间。

1 手帐页面记录爬香山、赏红叶和咖啡馆吃午餐的内容。素材有树叶、符合秋季颜色的和纸胶带，美食、人物、猫咪贴纸。

2 首先将捡来的树叶夹在书中，等树叶被压平，没有水分之后才可以使用。将风干压平之后的树叶一面粘贴在透明胶带上。另一面用同样的方法粘好，尽量不要产生气泡。

3 将粘好的树叶沿着树叶轮廓约 4mm 左右剪下，轮廓边不要预留太窄，以免透明胶带分离。使用透明胶带塑封好的树叶不会裂开，便于保存或粘贴。

4 选择秋季色系的和纸胶带将树叶固定在页面上。为让手帐两页画面产生鲜明的对比，左侧采用简约风格记录香山内容，右侧选用繁复风格记录咖啡馆午餐、人物、美食和猫咪。先贴好人物和美食，拼贴要分散。

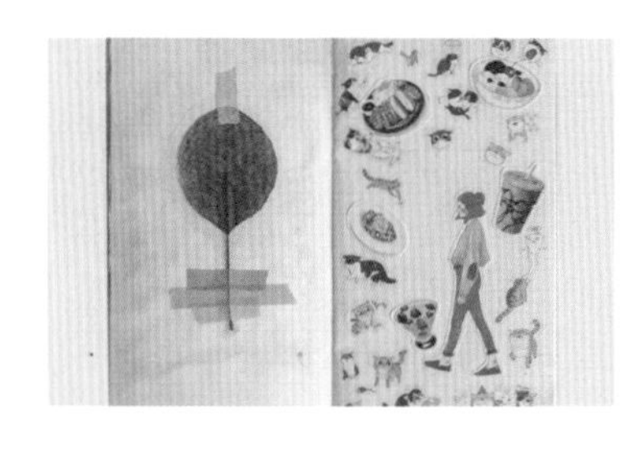

5 雕刻时光咖啡馆内到处是猫咪，除中间预留书写“雕刻时光”四个字外，其他空白处选用猫咪贴纸将其贴满。

6 借助页面的网格线，画出“雕刻时光”书写区域，使用水彩描出边框并添加名字。底色选用浅黄色渐变，烘托秋天的气氛。左侧页面树叶下方添加应景文字。

山西五台山菩萨顶

建筑全景显气势

山西五台山五爷庙

留些空白显主题

Happy! New Year
BINDING
PLA-CLIP
GLUE STICK
GLOBAL MESSENGER
March
03
2014
2018
七朵花代表
CLASSIC
I'm lovin' it
STARDUST

chapter 6

如何编排旅行手帐

看完前面的介绍，手帐新手们想必已经蠢蠢欲动了，但真正开始记录手帐的时候，很多人会担心排版及色彩搭配等问题。

不用担心，掌握好本章内容，做到灵活运用，就会做出属于自己的旅行手帐。

本章讲述要点：

1. 以旅行主题设计 **标题**
2. 以素材多少选择 **版式**
3. 以旅行地点确定 **风格**
4. 以设计需求增加 **形式**

请记住：

我们不是刻板的记录，
而是在拼贴着回忆。
这才是旅行手帐真正的意义。

从创建中心点开始，寻找内容、素材之间的联系来制作手帐。

- ☑ **亲密性（按逻辑分组）**
- ☑ **对齐（明显的边界区分）**
- ☑ **重复（视觉要素重复出现）**
- ☑ **对比（颜色、字体、线宽等）**

6.1 形式多样的标题

旅行标题包括整个旅行的主标题，也包含景点标题、每日行程标题。标题文字可以是中文、英文、俄文、泰文等各种语言。每种字体的形式可以是平面、立体、印章，也可图文组合、中外组合等。

1 中文标题 | 正方形字

正方形标题具有一定的分量感，可根据标题需要调整字体的大小和笔画粗细。

上海外滩

2 中文标题 | 竖长方形字、横长方形字

长方形标题笔画以纤细为主，画面看起来轻盈明快。适合清新文艺的旅行手帐标题。

西湖断桥残雪

南京夫子庙

3 中文标题 | 圆形边框字

圆形边框可让标题更加凸显，借用硬币或瓶盖实现圆形边框。

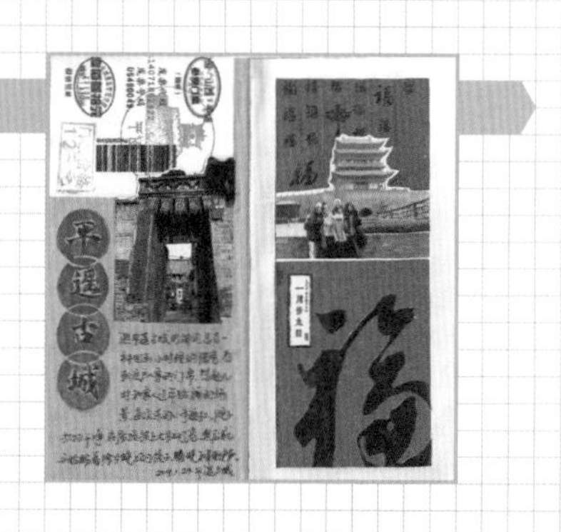

4 中文标题 | 印章字

模仿中国印章的形式制作标题，选择与中国文化相匹配的内容，制作印章标题。

杜甫草堂

5 中文标题 | 书名号

采用中国古代书名号制作标题，充满中国风的标题形式。

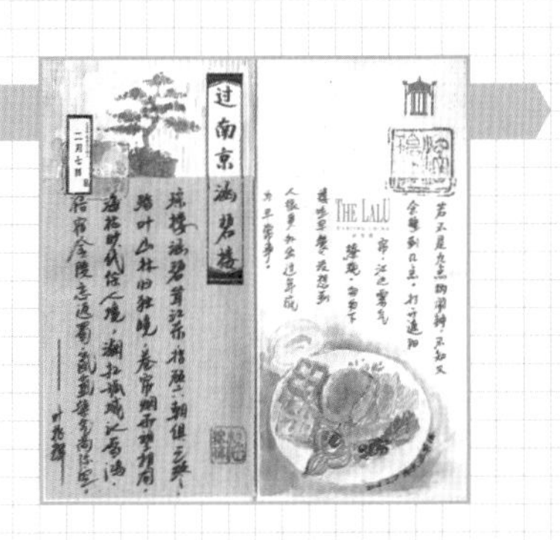

6 中文标题 | 米字格

为避免标题偏移中心线，或字体大小不一，可采用“米字格”的方法书写标题，也可用于修饰标题。

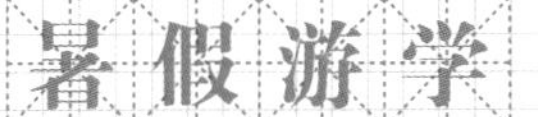

旅行标题是选择项，不是必选项

不是所有手帐页面都需要标题，可以根据内容和设计需要选择添加标题。

7 中文标题 | 立体字

给字体适当添加阴影，可让字体呈现出立体效果，阴影离字体不宜过远。

古都西安

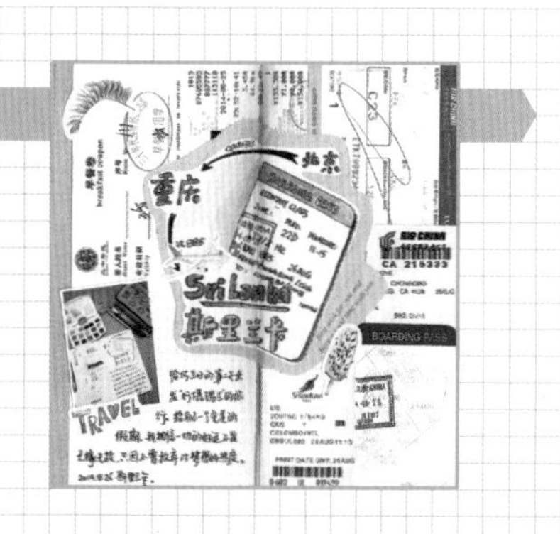

8 中文标题 | 中文与拼音组合

适用于标题生僻字的发音标注，也适合丰富页面内容。

衢	州	城	墙
qu	zhou	cheng	qiang

9 中文标题 | 中文与图形组合

标题中添加飞机、热气球、邮戳或旅行目的地的标志性建筑，可使标题充满设计感。

浪漫的土耳其

1 英文标题 | 横向英文

沿页面水平方向书写英文，可使画面保持平稳、安静之感。

Hello! Paris

2 英文标题 | 竖向英文

沿页面垂直方向书写英文，有向下的流动感。

St. Peter's Cathedral

3 英文标题 | 倾斜英文

沿页面水平方向右上方倾斜 15° 书写英文，可增加页面动感，引人注目。（中文、英文均适用）

Hello! Vienna

书写标题前可使用铅笔打草稿

打草稿方便确定位置，注意字间距与行间距，避免标题字体过于紧凑或松散。

4 英文标题 | 曲线修饰

在英文中适当添加曲线，可产生韵律与节奏感。（中文、英文均适用）

5 英文标题 | 边框修饰

使用边框将文字较多的标题包围起来，使之形成一体，避免标题松散，分散注意力。（中文、英文均适用）

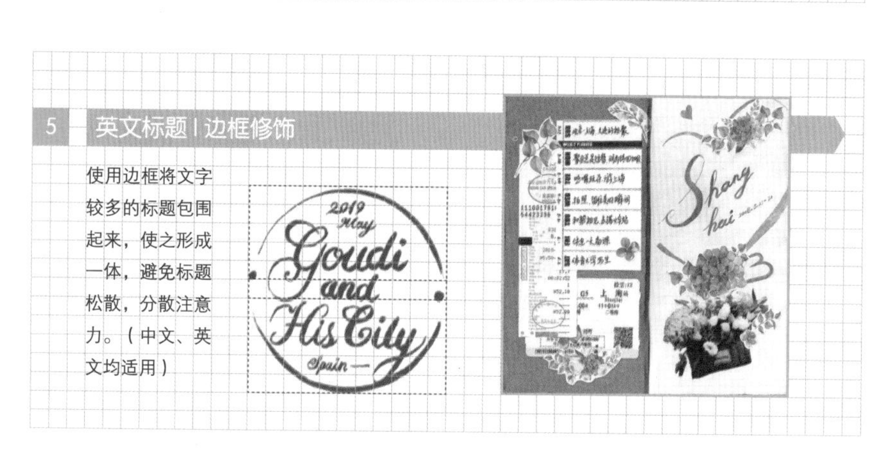

6 英文标题 | 底图修饰

使用彩色底图衬托标题，可使标题轻快，富有动感。（中文、英文均适用）

7 英文标题 | 立体字

给字体适当添加阴影，可让字体呈现立体效果，阴影离字体不宜过远。

8 英文标题 | 中英文组合

标题出现两种语言文字时，文字可以大小相同，也可大小对比出现。

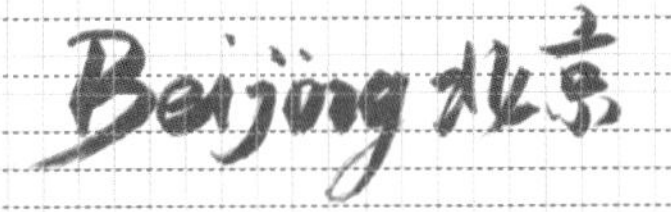

9 英文标题 | 英文与图形组合

结合目的地或景点中的标志性建筑或图形设计标题，让标题更丰富。

6.2 灵活应用的版式

手帐的版式直接影响手帐的美感和阅读体验。在手帐素材与文字内容相同的情况下，经由不同的人排版，会呈现完全不同的视觉效果。有的版式看着很舒服，有的版式却看着很累。

6.2.1 三分式

三分式排版是将页面均分成三等分，可以是横版三分(也称“三”字版式)，也可以是竖版三分(也称“川”字版式)，还可以横竖各三分(也称“井”字版式)。

三分式排版有着严谨、和谐、理性的美感。三分式的排版方式因其简单易掌握，经过互相排列组合后可延展出更多排版方式，成为应用最广的排版方式。

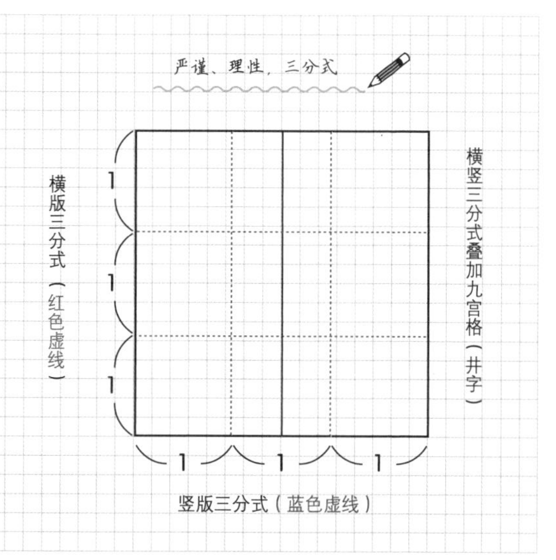

1

横版三分式（三字）

典型的三分式排版，上下排序依次为标题、文字、图片，页面重心在最下方，使得页面更加平稳。

斯里兰卡旅行尼甘布鱼市

素材有两张照片，想要表达的内容有很多，选择将两张照片归类为一组放在页面最下方，呼应上方的标题，中间空白处留出书写区域。

2

香港旅行参观国泰城

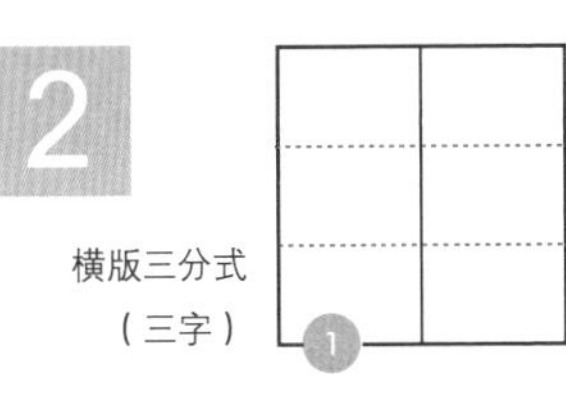

横版三分式
（三字）

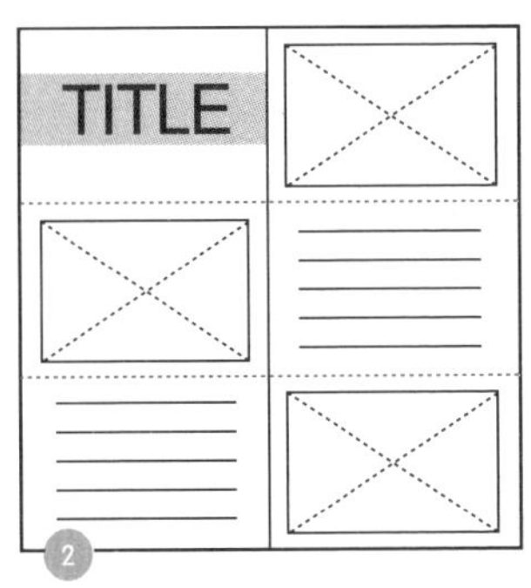

跨页中间作为分割线，三分式变成六个大小相同区域，图文错开排列，增加层次感，照片粘贴时角度可以有所变化，页面看起来更轻松。

3 排版思路

选择 3 张照片中最有特点的粘贴在标题下方，其他照片错开排列。使用飞机突出内容的同时，增加趣味性。

3

上海旅行聚会第二天早餐

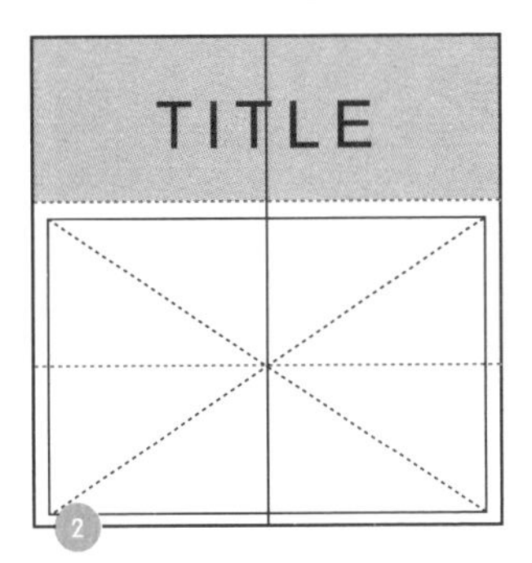

横版三分式
（三字）

上下分成 1 ∶ 2 或者 2 ∶ 1 的比例进行排版。根据图文比例选择适合的模板，标题和图片的大小对比要协调，避免头重脚轻。

3 排版思路

将外卖袋上撕下的餐厅标识作为标题，手绘大面积的美食对应标题，可使页面更加平衡。

4

竖版三分式（三字）

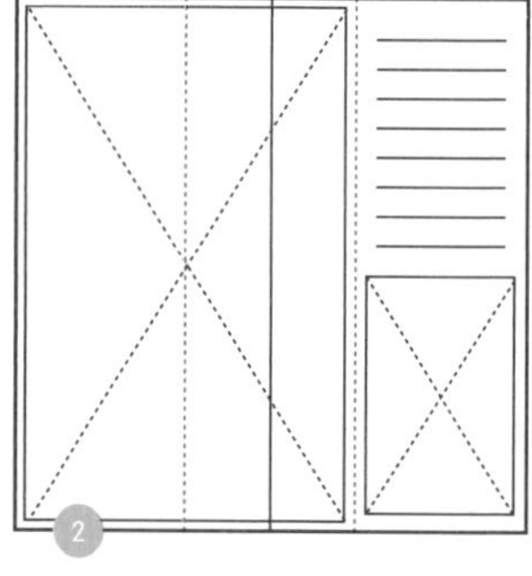

竖版三分式也可左右分成 1 ∶ 2 或 2 ∶ 1 的比例进行排版，适合图片较大时使用。

春节南京旅行涵碧楼

排版思路

尺寸过大画面难于取舍，选择整张宣传单页平铺页面 2/3 位置，在空白处粘贴房卡套收纳相关票据。

5

横竖三分式叠加九宫格（井字）

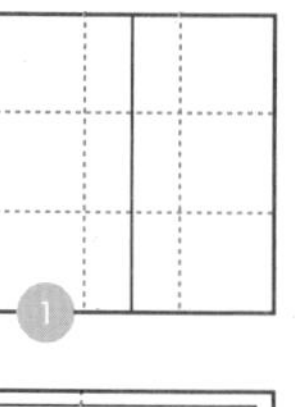

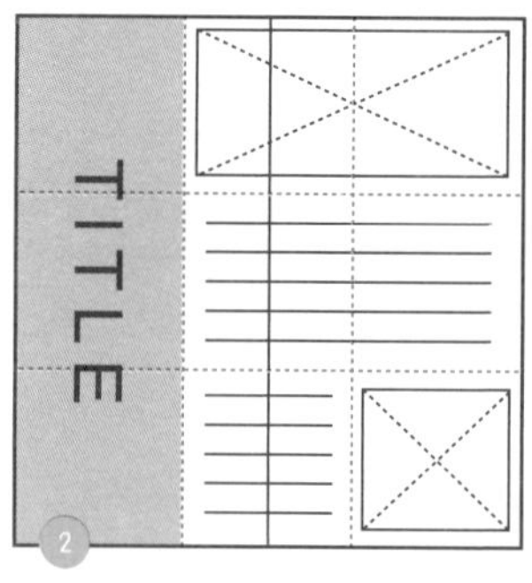

九宫格由横竖三分式叠加而成，在此基础上可演变更多版式，稍有变化即可改变图文的主次关系。

北京无用空间大音希声展览

排版思路

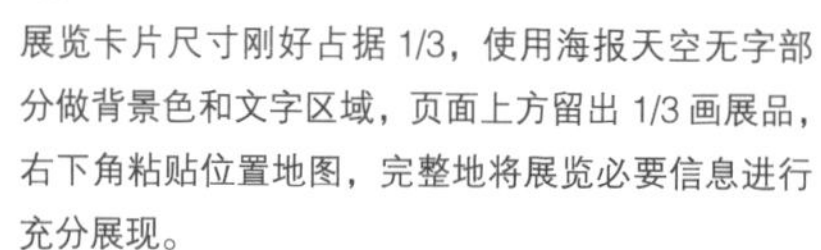

展览卡片尺寸刚好占据 1/3，使用海报天空无字部分做背景色和文字区域，页面上方留出 1/3 画展品，右下角粘贴位置地图，完整地将展览必要信息进行充分展现。

6.2.2 对称式

对称式是指将页面上下或左右进行对称划分，可分别形成“吕”字、“品”字或“田”字版式。

对称式排版具有平衡、稳定、相呼应的特点，适合于图文比例一致的手帐页面。

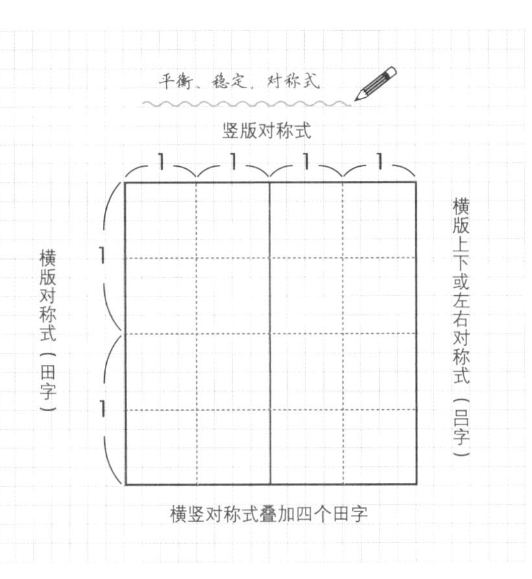

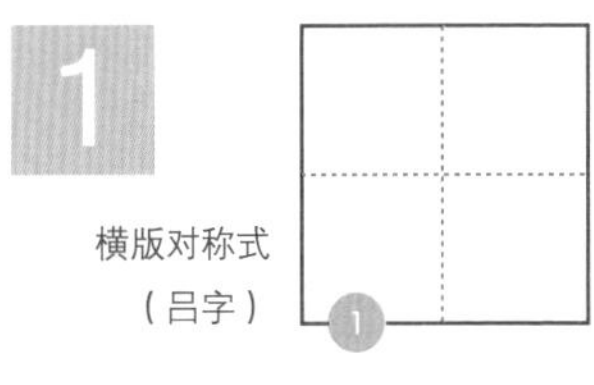

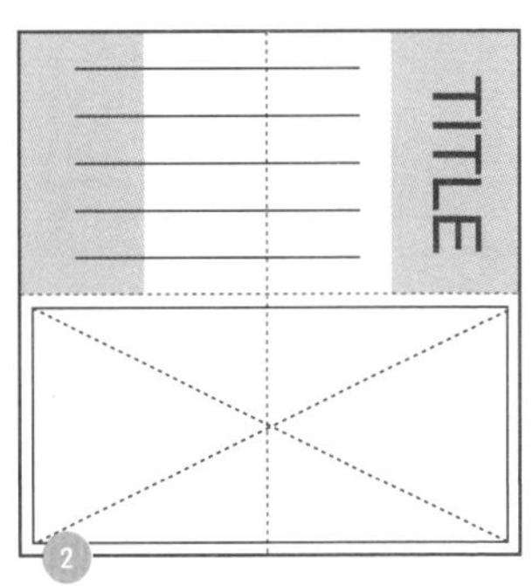

中心线以上为文字，以下为图案。呈现典型的“吕” 字对称版式。

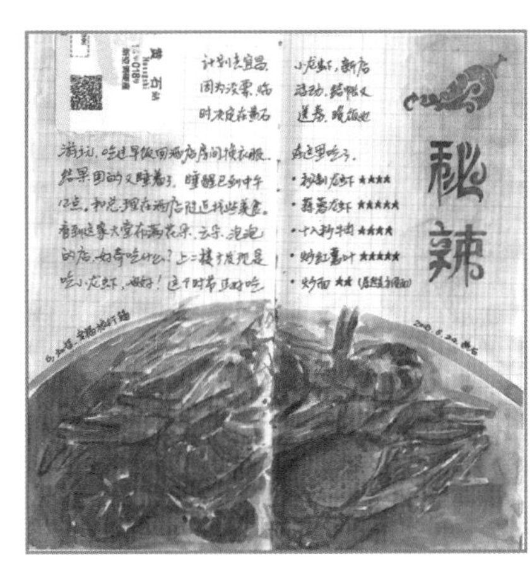

让诱人的美食更加突出，选择画面与文字同样重要的版式，背景黄色用来衬托美食。

2

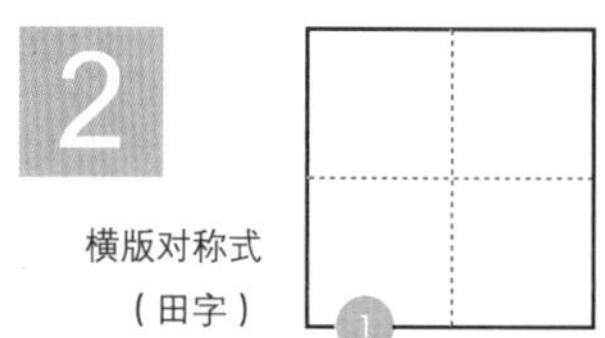

横版对称式
（田字）

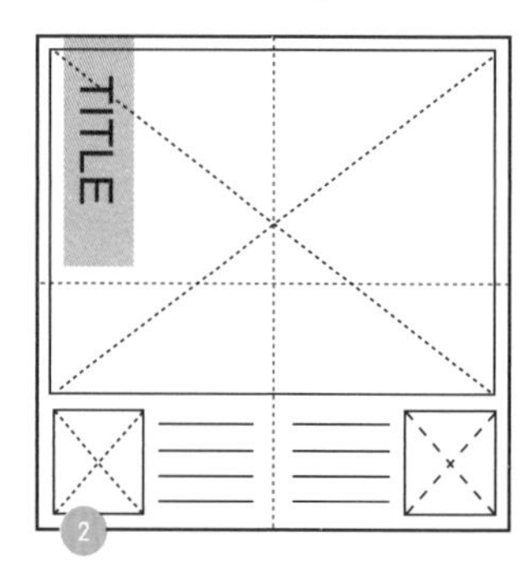

为营造海洋的流动性，页面在对称式的基础上叠加曲线式，更好地为内容服务。

威海旅行神雕山野生动物园

排版思路

选择印象最深的海洋动物来展现，使用水彩颜料画出深浅变化的海洋，海豚贴纸让页面律动感十足，两角粘贴对称照片。

3

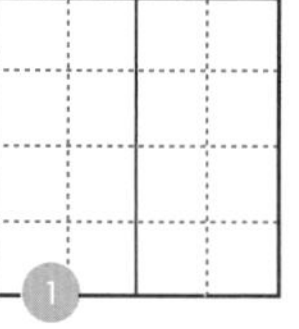

横版对称式

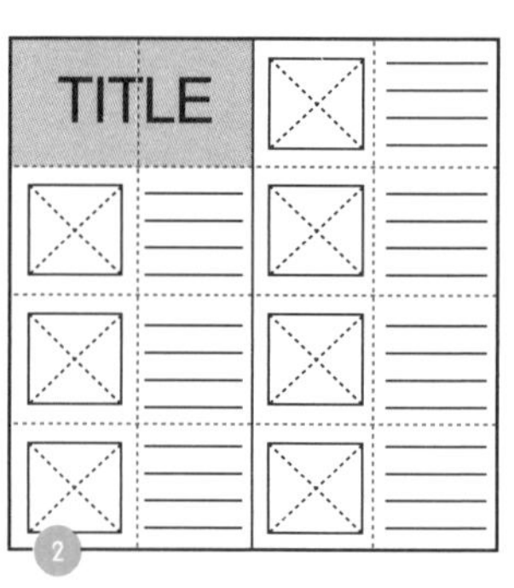

对称式的中心线上下再次分隔，形成 8 个长方形。适用于同等内容依次罗列，图片与文字分别对齐，也可错开排列。

香港旅行海港城内餐厅介绍

排版思路

想要记录的餐厅很多，根据图片及文字的多少选择版式。除标题外，内容排序不分主次依次排列。

4

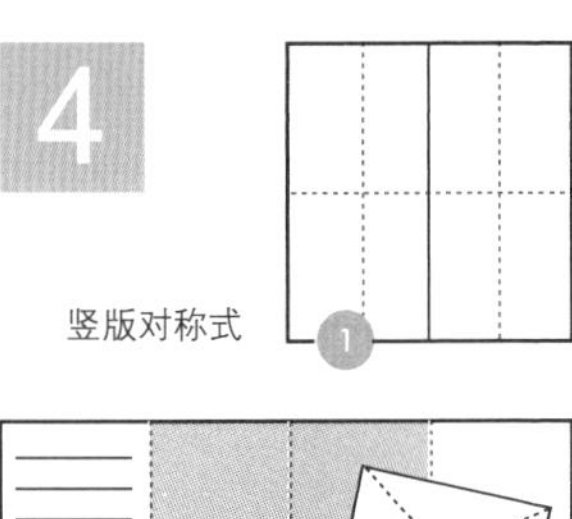

斯里兰卡旅行狮子岩

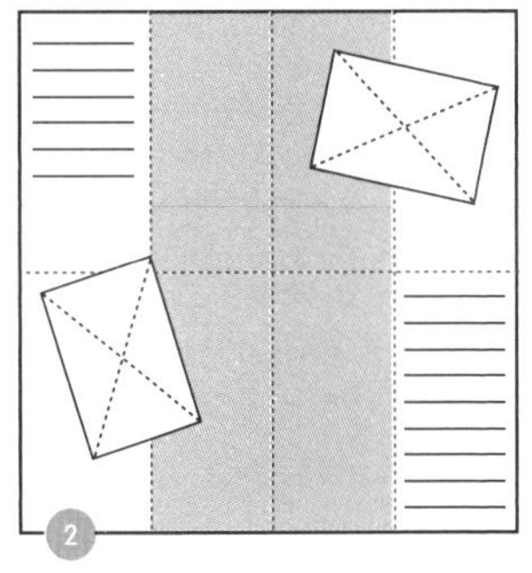

在“田”字对称式的基础上左右再次分割，形成两个“田” 字，根据内容划分底图、图片与文字之间的范围。

作为狮子岩内容的补充页面，文字和图片都不多。复古地图胶带做背景。两张照片对角粘贴，并在旁边书写文字，夹子贴纸和线条连接两侧照片，使两页内容具有连贯性。

5

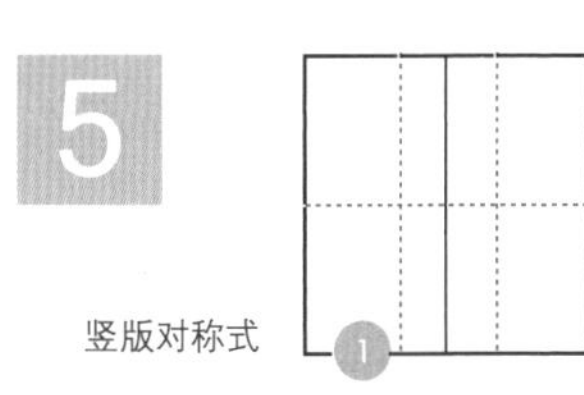

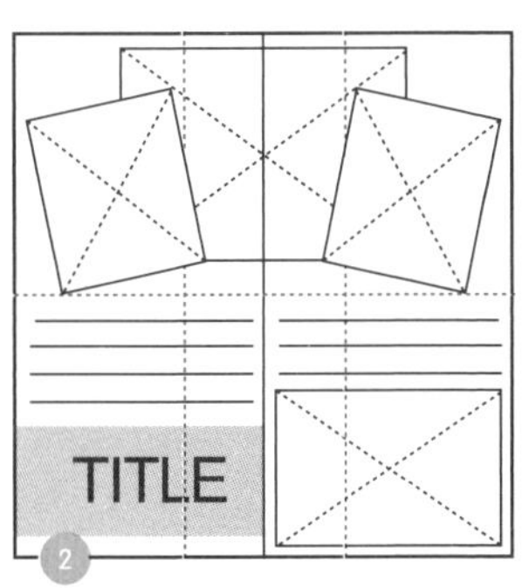

在“田”字对称版式的基础上上下左右再次分割形成6格，版式变化则更加丰富。

页面上下一分为二，上半部分将合影放在两页居中位置，两侧粘贴小照片。标题与城堡照片、火车票贴在页面下方，上下照片中间留出空白区域书写文字，可以更好地突出上下图片与标题。

6.2.3 对角式

对角式也称交叉式，指页面四角分别对角连线，两线相交的点可以作为主题。

沿对角线的方向设计手帐，具有立体感、延伸感和运动感。适合于飞机起落、建筑表现等画面的应用。

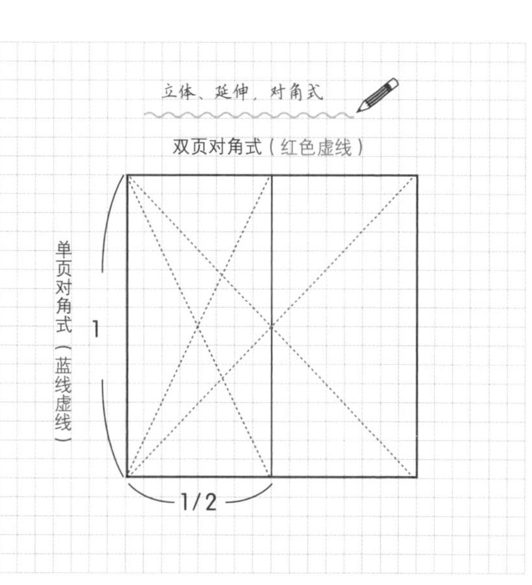

1

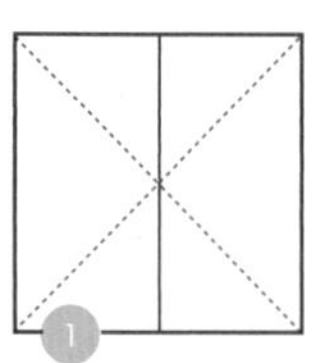

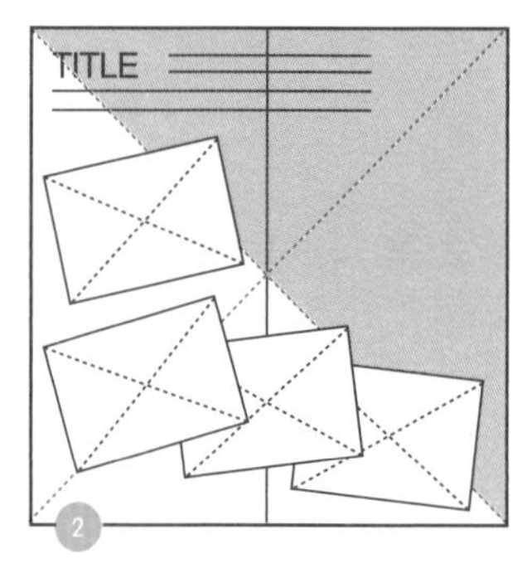

左上右下两点相连，划分出两个相等三角形。将照片集中在一个三角形内，另一对角手绘画面。

斯里兰卡旅行高跷渔夫

3 排版思路

先将3张火车站孩子的照片分为一组，依次罗列在页面下方，保持重心平稳。然后最上方书写标题，粘贴钓鱼照片，使得照片集中在整体页面左下角三角区域，对角三角区域手绘当地高跷渔夫。

2

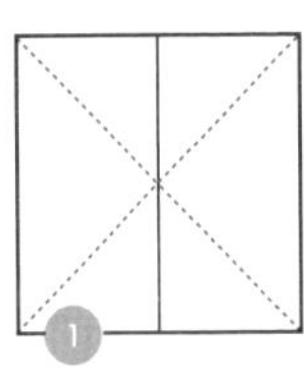

对角式

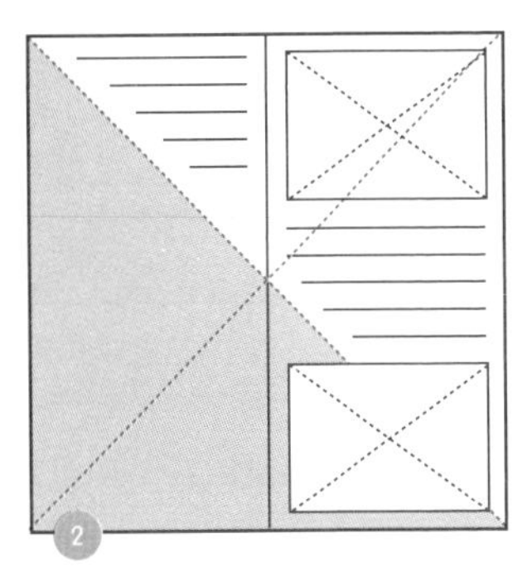

同样左上右下两点相连，对角三角形区域也适用于图文对比或记录两个截然不同的内容。

圣诞节韩国旅行明洞教堂

先将宣传页中教堂外轮廓剪下，沿左侧页面顺势粘贴，右侧为教堂内部照片。此时已经形成完整的对角式排版。在旅游宣传册中找到明洞教堂的地图贴在右上角，指南针作为点缀，最后书写内文。

3

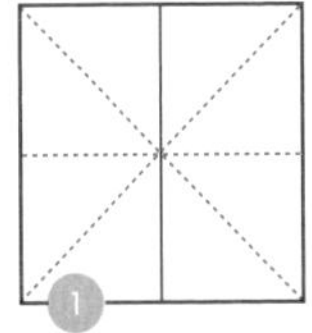

对称式 + 对角式

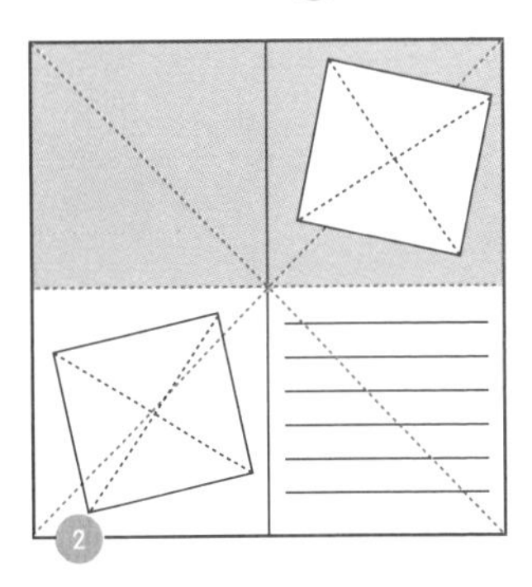

每一种版式都可独立存在，也可以相互融合。此版式在对称式的基础上叠加对角式，让内容更加丰富。

上海旅行咖啡馆探店

先手绘画出咖啡馆内特有的拱形窗户的部分，再选用与画面色调相一致的底色粘贴在页面下方，上下形成对称式，人物照片采用对角式粘贴，并将咖啡馆名片上的图案剪下修饰页面。

4

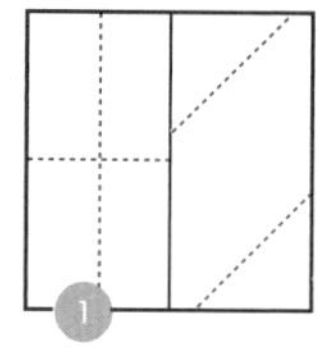

对称式 + 对角式

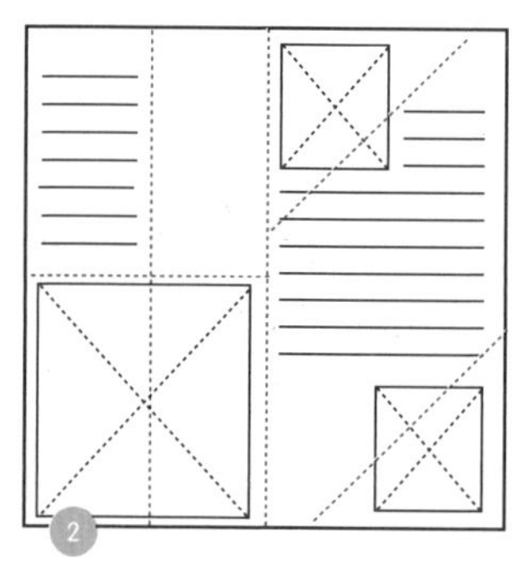

同样是对称式 + 对角式，每种版式各占一页，效果截然不同。

上海旅行晚餐与民宿

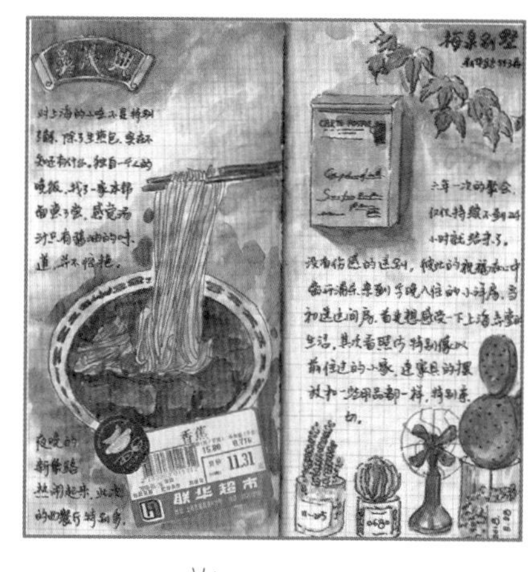

③ 排版思路

左侧标题宽度为 1/2，沿标题宽度书写文字，空白处可使左右页面中间区隔。右侧页面信箱对应房间内的仙人掌，中间用于书写文字。页面中的美食、信箱、装饰物之间形成一个三角形，相互之间有联系却也独立存在，使得页面更加协调。

5

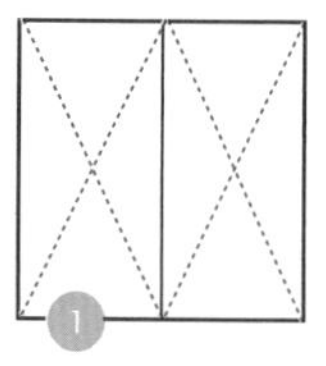

对角式

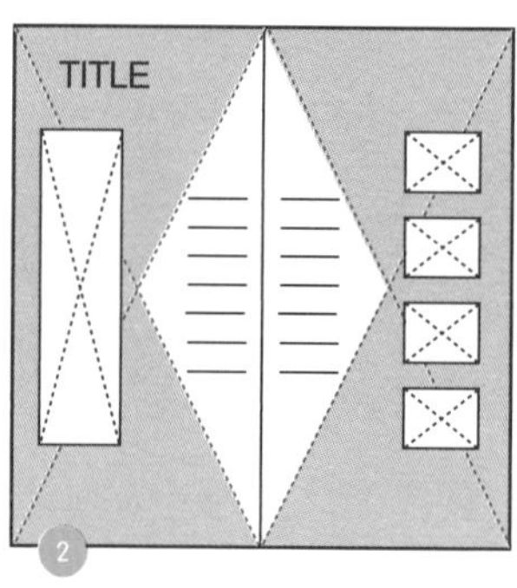

左右页面分别进行对角线划分，形成 8 个三角形，中间两角为文字区域，其他为图片区域，也可相反。

韩国旅行乐天百货

③ 排版思路

借用乐天百货宣传册中的三角图案，按照手帐尺寸进行裁切粘贴，形成像方形括号“【 】”的形状，中间用来书写文字。在对角相交的点上粘贴人物和与百货内容一致的贴纸。

6.2.4 居中式

居中式指将整体页面的设计元素沿页面中部排版，引导视觉中心点，更加突出主题，有时与对称式同时出现。

居中式排版让画面均匀整齐，但同时也会失去活力，可通过色彩和图案、文字的设计赋予变化。

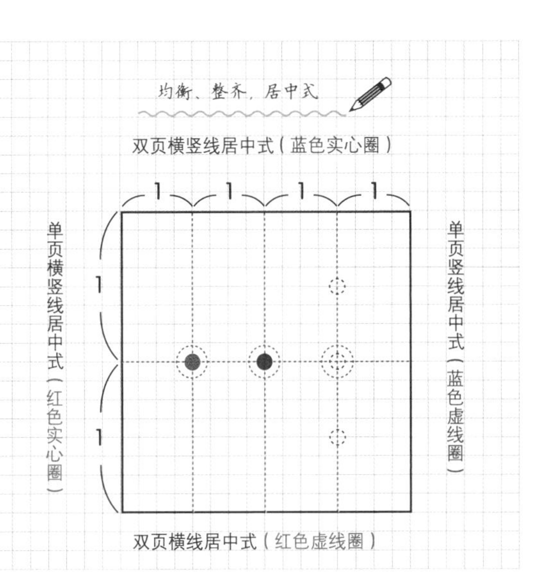

1

居中式 + 对称式

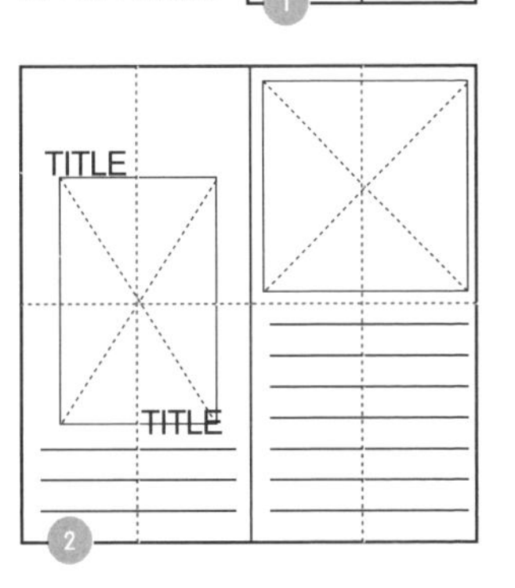

左页居中式，右页对称式。当一个画面或文字非常重要时，可采用居中的形式，将其排版在视觉中心点上。

香港旅行洲际酒店

3 排版思路

左页为居中式，将酒店海景照片放在页面居中的位置，下方配以文字说明。右页为上下对称式，酒店早餐照片和餐厅外的星光大道，选择星光大道的地图作为背景雕像作为修饰，下边区域书写内容。

韩国旅行果汁店和两大购物百货

三分式 + 居中式

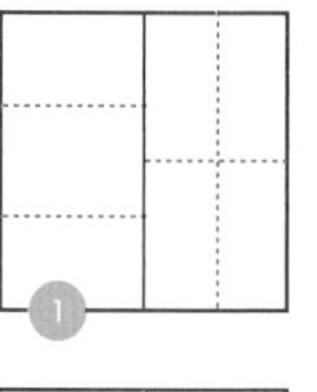

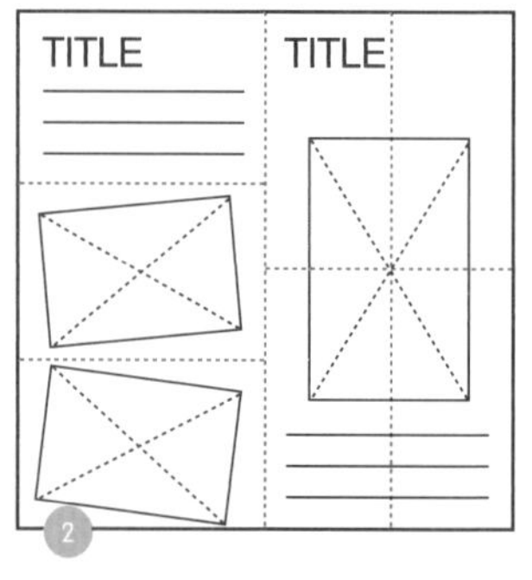

左页三分式，右页居中式。当跨页共三个内容时，挑选相对重要的内容占据其中一个页面。

两页版式不同，左页为三分式，右页为居中式。先将现代百货的照片与购物卡粘贴在页面 2/3 位置，上方手绘果汁店。将 COEX 购物广场水族馆拍摄的照片贴在页面居中位置，使用海豚修饰照片。

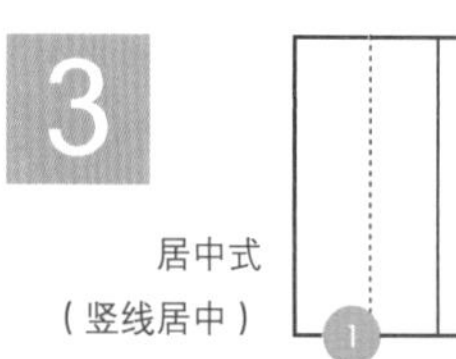

韩国旅行奉恩寺

居中式

（竖线居中）

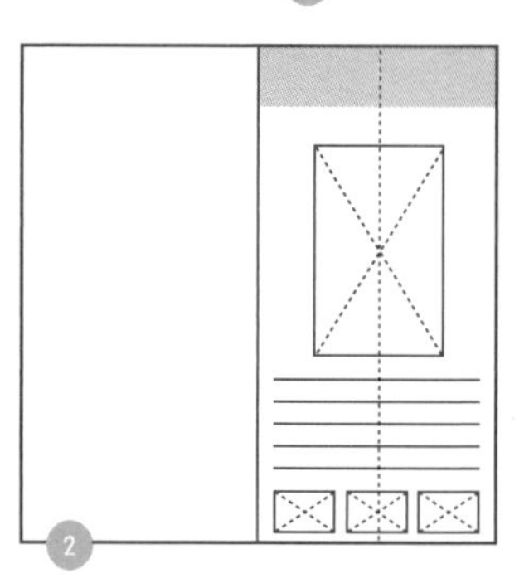

左页平铺，右页竖线居中，页面上下图片与文字沿竖线居中。

左侧页面为奉恩寺中文宣传折页，直接粘贴在手帐中即可。右侧为奉恩寺拍下的照片居中粘贴，再将三张同等大小的照片贴在下方，与上方屋檐的图案对应，照片两侧填写寺院地址电话和乘车路线。

4 南澳大利亚阿德莱德圣彼德大教堂

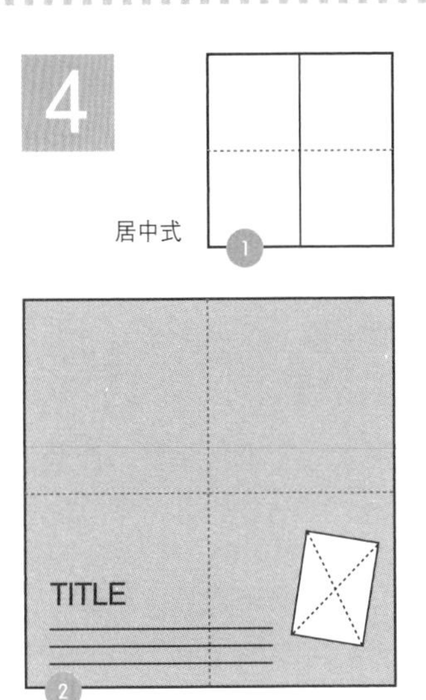

跨页页面使用居中式排版，视觉冲击力会更强，适合全景画面。

3 排版思路

为体现教堂的庄严与宏伟，手绘大篇幅的教堂全景外观图，采用完全居中样式，下面配有标题和简单的文字，教堂的局部照片用来点缀画面。

5 威海旅行找猫咖啡馆

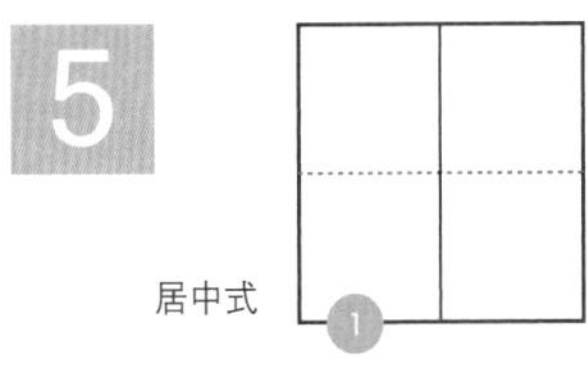

画面放在居中位置，但标题上移，转变视觉焦点，也是居中式其中的一种排版方式。

3 排版思路

以居中的版式在跨页中手绘猫咪们吃饭的场景，再将印有咖啡馆标志的纸杯防烫圈展开，居中贴在页面上方，下方左右两侧分别写内文与画咖啡馆标识。

6.2.5 包围式

包围式是在对称式和对角式延伸出来的版式，以对角线画出中心点，沿中心点添加对称的文字或图片来突出中心主题。

包围式从样式上更像“回”字，会产生视觉焦点，更加突出中心，向内有聚拢的效果，向外有扩散的效果。适合用记录于旅行一天的时间线、旅行日程安排、飞行线路等手帐页面。

聚拢、扩散，包围式

包围式（红色虚线）

半包围式（蓝线虚线）

边框尺寸无限制

1

包围式 ①

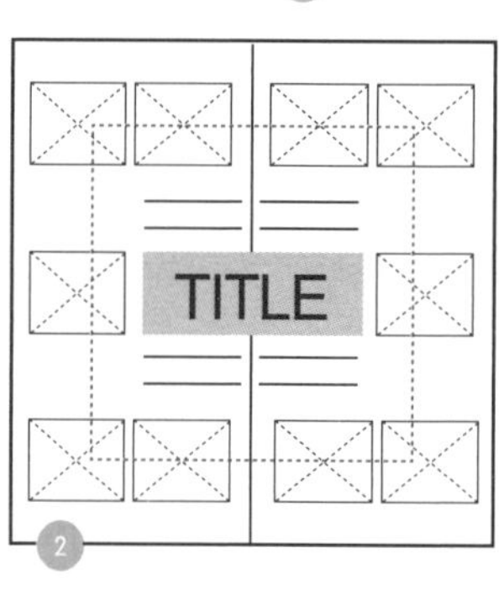

②

当手帐图片较多、文字较少的时候，可选择包围式的排版方式。

北京宜家家居

③ 排版思路

以宜家家居标志为中心点，围绕进行排序，左侧宜家餐厅美食，右侧为购物清单，内容不分主次，一切为中心点主题服务。

2

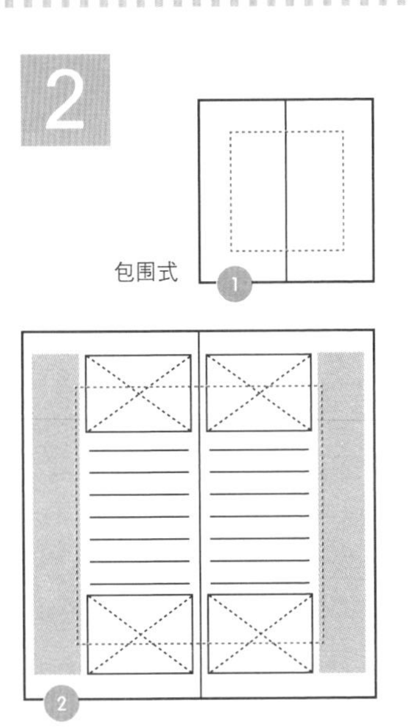

当两页图片与文字相同时，除对称版式之外，也可以使用包围式排版。

圣诞节韩国旅行首尔仁寺洞、明洞

3 排版思路

在旅游宣传手册中找到大小比例相同的目的地地图，分别粘在页面两侧，然后将对应的照片和字条以包围式粘贴，中间用于书写文字。

3

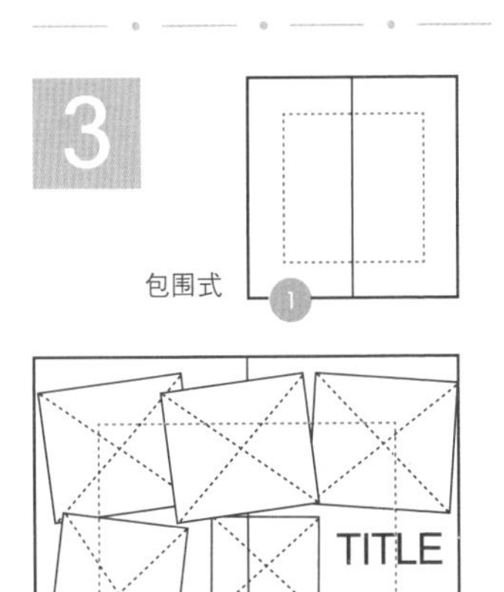

以中心图片为点，将同等图片和文字沿顺时针排版，形成包围式。

济南旅行曲水亭街

3 排版思路

在照片数量较多，拍摄主题内容一致时，根据照片风格选择牛皮纸购物袋作为背景色，中心位置粘贴复古相机贴纸，然后围绕相机错落有致地粘贴照片，让照片像时间的影片一样旋转播放。

4

半包围式

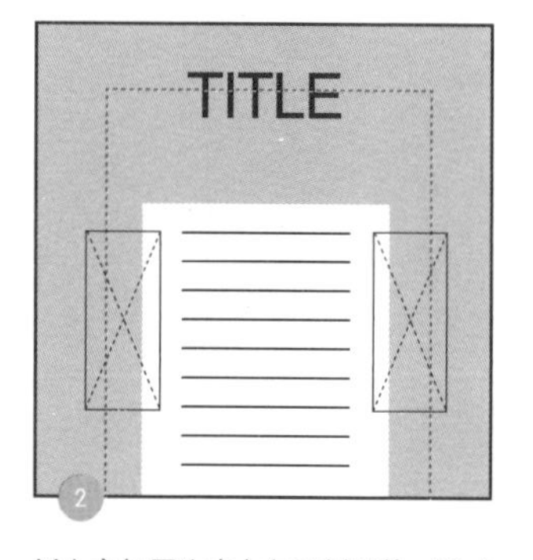

以上方标题为中心向两侧延伸，形成半包围式。

穷游网新书分享会

排版思路

选择了穷游网分享会场地比较特别的装饰物画在页面正上方，作为标题背景使用。使用数字和字母印章印出京都英文和活动日期。将书籍封面和场地摆件胡桃夹子对称地画于页面两侧形成半包围式的版面，中间区域书写文字。

5

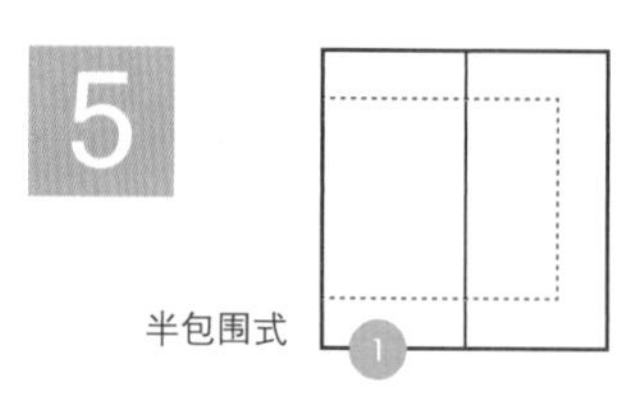

半包围式

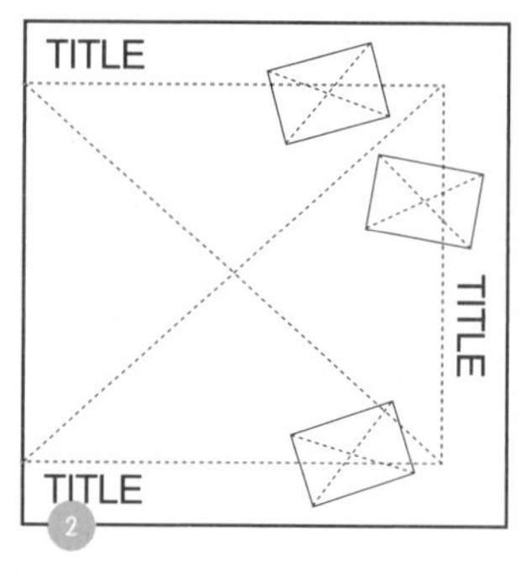

将主要内容放在中心点，次要内容沿中心排版。

南澳大利亚袋鼠岛三大景观

排版思路

先将宣传册中每个景点剪下，大尺寸图片靠左侧顺势粘贴，然后沿着上、下、右三边空白区域粘贴小尺寸照片，并用英文书写标题。

6.2.6 曲线式

曲线式也可称为S形，沿曲线进行图片与文字的排列，图片可由小变大、由大变小或均等排序。

曲线式版式让页面富有变化，产生韵律与节奏的感觉。适用于记录景深变化的风景、旅行时间等页面。

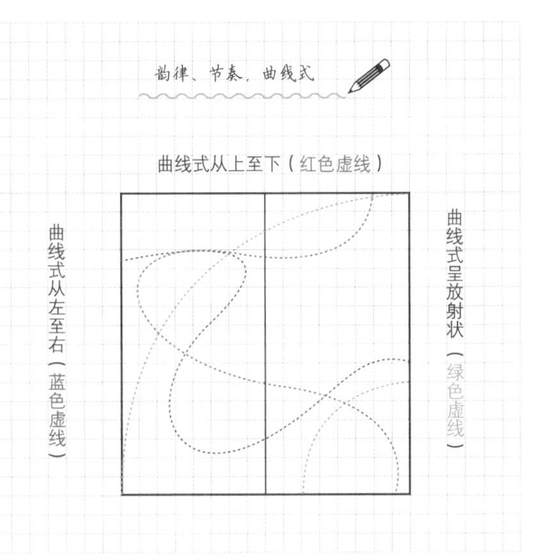

1

曲线式
（从上至下）

①

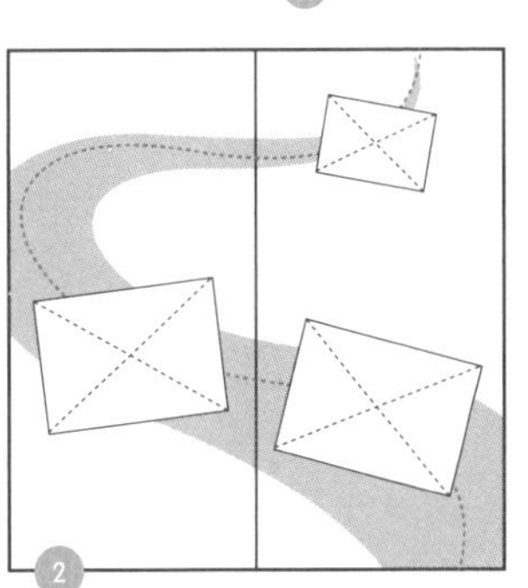

②

按照时间点排序，图片由上至下，由小至大，使用曲线连接形成关联内容。

斯里兰卡旅行酒店和午餐

③ 排版思路

巧用照片中酒店泳池的曲线，由上至下延展画面，将酒店标志、泳池、餐厅贯穿联系起来，使得画面更加生动。

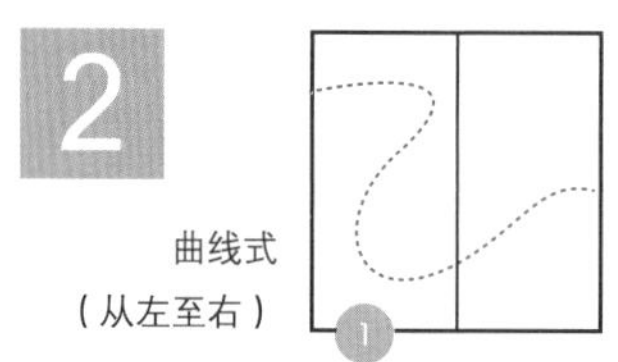

2

曲线式
（从左至右）

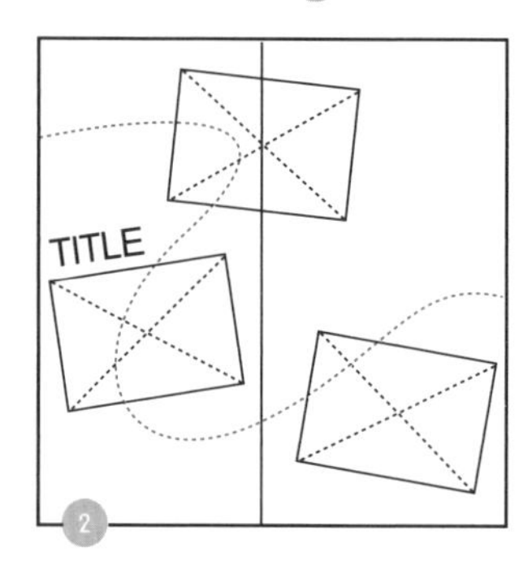

使用地图从左至右引导曲线，连接游览景点。从左至右的曲线也可延伸到前后页面。

南澳大利亚旅行阿德莱德

3 排版思路

左上角为阿德莱德市区地图，游玩路线为城市东南角，沿途先后到达洛夫缔山顶和蜂蜜农场，运用曲线式构图穿插图片与文字。

3

曲线式
（呈放射状）

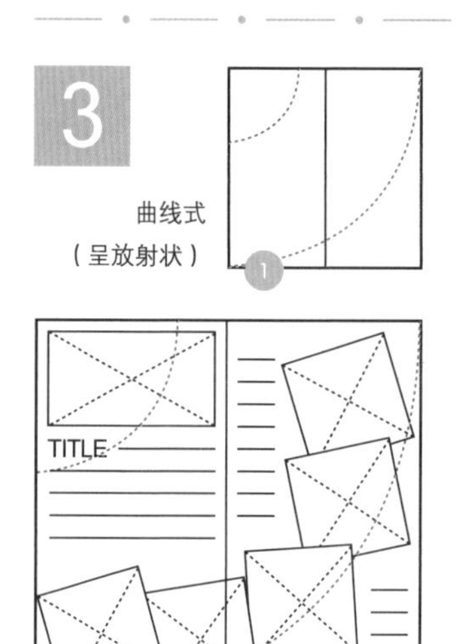

以左上角为中心点画圆，在连接右上角与左下角的曲线上排列图片。

香港洲际酒店内 SPOON 餐厅

3 排版思路

左上角粘贴餐厅藏酒照片，以此照片为点画半圆曲线，就餐前菜主菜依次沿曲线排列，将菜单中菜品名称剪下贴在对应照片下方位置。

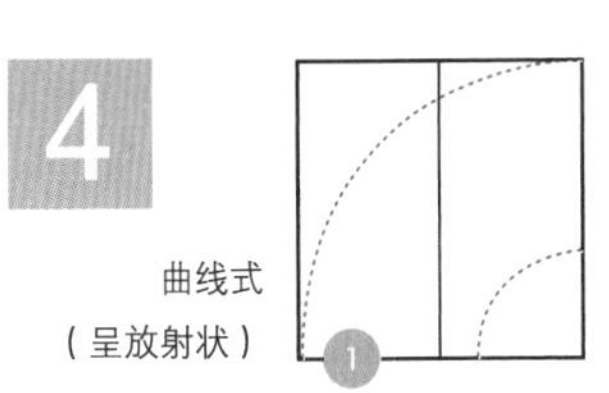

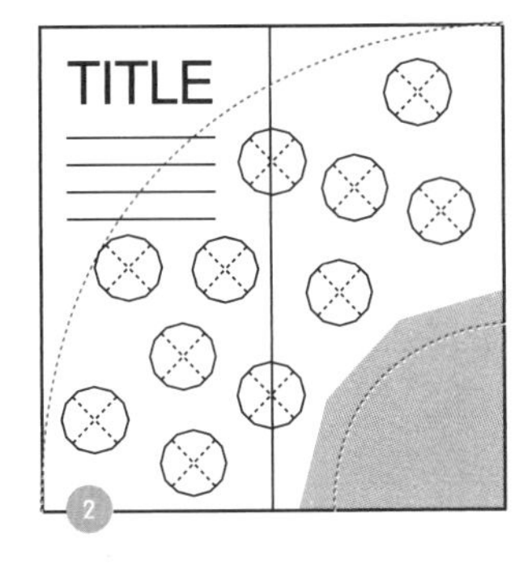

以右下角为中心点画圆呈放射状进行图片或文字排版。

南澳大利亚旅行行程计划

借用澳大利亚 12 边硬币图形，在左角下贴出一个局部，然后以此为中心画半圆，使用硬币外轮廓画出 11 个多边形，内部粘贴照片或填写每日行程。

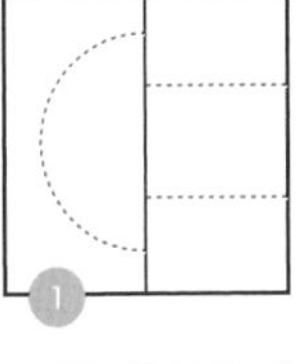

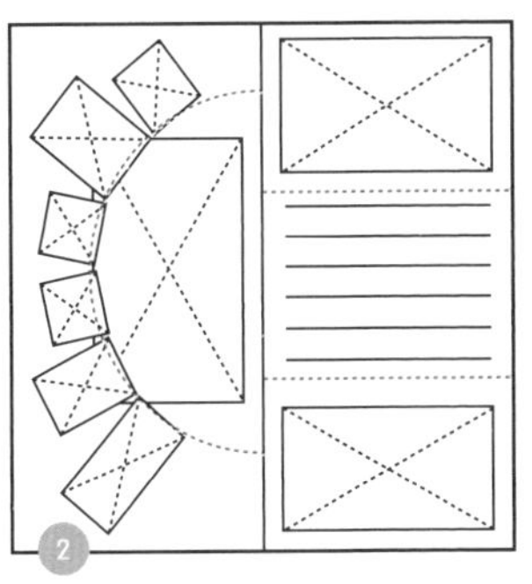

左页为曲线式，右页为三分式。以半圆形曲线呈放射状排列图片或文字，使得视觉中心更加突出。

韩国旅行首尔南山塔厅

左页为曲线式，先在居中位置粘贴私人照片，然后以半圆曲线依次粘贴风景照片和机票，右边以三分式排序其他图片与文字。

6.3 变化无穷的风格

6.3.1 复古风格

复古风格受欧洲文艺复兴、巴洛克、洛可可艺术影响。复古元素有复古的花纹、手写的书信、泛黄的报纸和花朵、斑驳的文字等，都是非常流行的复古元素。

Q 复古风格适合记录哪些内容?

复古风格适合用来记录旅行中的世界文化遗产、历史博物馆、欧洲乡村小镇、咖啡馆等。

Q 复古风格有什么颜色特点?

颜色以棕色、咖啡色、金色、银色、暗红色、黑色为主，颜色多为低饱和度，会更显时间的久远。

① 素材有感谢信和蜡烛照片，选择复古风格来记录。选择对称式版式，左页照片右页文字。

② 使用复古泛黄的报纸做手帐背景色，边缘肌理尽量自然些，复古和纸胶带修饰页面。

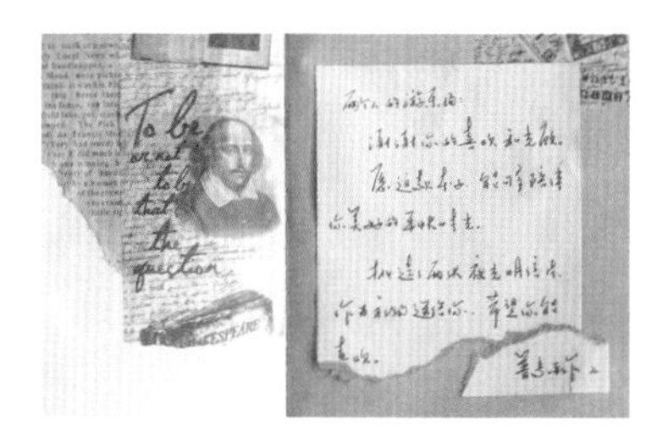

③ 将感谢信中想要展现的内容撕下，粘贴在右侧页面下方，上方留作标题及感想的位置。

④ 将蜡烛照片贴在左上角，很好地烘托了写信的气氛，非常符合主题内容。

⑤ 复古风格的便笺纸粘贴在需要书写文字的区域。复古自行车和火漆两个元素能让人联想到通信发展初期，诞生第一枚邮票的年代。

⑥ 便签上书写文字，蜡烛照片与书信对应，复古自行车与火漆对应，相得益彰。

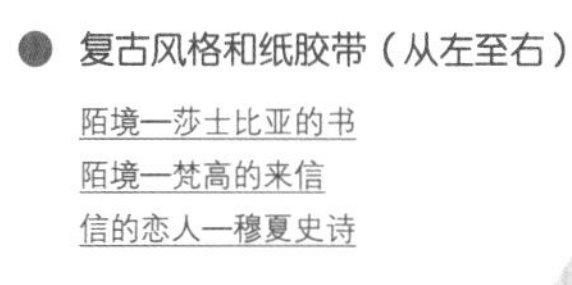

● 复古风格和纸胶带（从左至右）

陌境一莎士比亚的书
陌境一梵高的来信
信的恋人一穆夏史诗

6.3.2 古风风格

古风风格是以中国的传统文化为基调的新型文化视觉风格，是中国独有的艺术形式。古风风格以中国的诗词歌赋、琴棋书画、古代人物与建筑等元素为主。近两年故宫的文创产品脱颖而出，仅和纸胶带就近百种，将中国传统文化真正地与大众生活相结合。

Q 古风风格适合记录哪些内容？

古风风格可以用来记录旅行中国古代园林、江南水乡等具有文化特色的目的地，还可用于记录日常生活，如中国书画展、古曲音乐会，以及电视剧和武侠小说的观后感。

Q 古风风格有什么颜色特点？

古风风格的颜色非常具有中国特色，象征皇家高贵的黄色、红色、金色。体现古代文人雅致的水绿、月白等，根据记录的内容选择适合的颜色，才会更好地展现手帐内容。

① 素材选用具有中国古风的和纸胶带，版式选用三分式，依次是天空、亭子与桥梁、河流。

② 将横波亭和纸胶带平贴在手帐中间，为营造秦淮河繁荣的横波亭胶带需粘贴上下两排。

③ 选择舟行碧波和纸胶带粘贴在桥梁和横波亭下方，图案衔接尽量自然。船只要与亭子错开，增加画面层次感。

④ 将圆形窗棂图案剪下粘贴在右上角，中国古风日期贴纸贴在画面落款位置。在圆形窗棂下方书写标题。

⑤ 为使画面河流更加自然，使用水彩颜料将河流颜色进行延伸，增加过渡色。

⑥ 灌木丛作为画面的前景，然后书写内文并粘贴火车票，南京秦淮河的手帐就完成了。

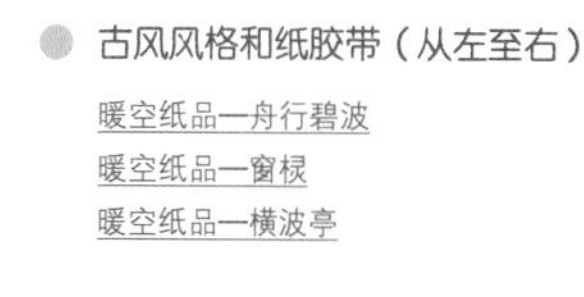

古风风格和纸胶带（从左至右）

暖空纸品—舟行碧波

暖空纸品—窗棂

暖空纸品—横波亭

6.3.3 简约风格

简约风格起源于现代派的极简主义，简单说就是将色彩和视觉元素简化到最少的程度。达到以少胜多、以简胜繁的效果。

Q 简约风格适合记录哪些内容？

简约风格适合用于记录北欧国家的旅行，以及具有简约风格特质的咖啡店、花店和设计展等。

Q 简约风格有什么颜色特点？

简约风格的元素多采用自然肌理的底纹、线条和色块。颜色以黑、白、灰、棕、淡蓝、淡绿、米色为主，从颜色深浅、线条粗细的变化中，让主题更加突出，页面更干净。

1. 手帐内容为具有北欧风格的花店，素材为花店的名片以及商品标签，版式选择居中式。

2. 首先将英文商品标签贴在白色页面上方中间的位置，用做标题使用。然后将名片正面粘贴在牛皮纸页面中间。

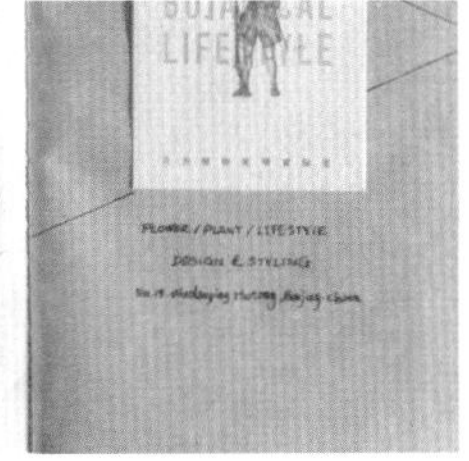

3. 在白色页面下方，使用手绘的方式画出花店一角，页面保持大面积留白。在商品标签、花店名片、手绘绿植之间画出三角线条，使三者之间产生联系。

4. 最后在花店名片下方填写花店联系方式，简约风格的手帐就完成了。去掉过多画面以及文字的修饰，突出画面与花店信息。

6.3.4 日式风格

日式风格随着日本历史与文化的发展包含多种视觉元素，江户时代的浮世绘、日本动漫的美少女，传统节日中的鲤鱼旗、风铃、招财猫、灯笼等，自然风景中的富士山、樱花，这些元素都可以纳入日式风格中。

Q 日式风格适合记录哪些内容？

日式风格适合记录有关日本所有的旅行目的地，根据内容选择具有代表性特征风格进行记录。

Q 日式风格有什么颜色特点？

日式风格的颜色也随着记录的内容不同，颜色也不同。如记录居酒屋颜色采用黑色加上红色、黄色、金色等暖色，能更好地营造居酒屋的气氛。日文的书写也可以使日式风格更加突显。

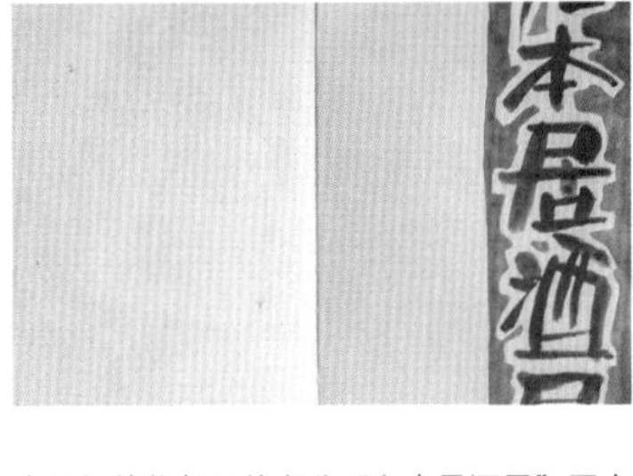

1 手帐素材有消费小票和筷子套，页面版式为包围式。

2 先用铅笔将餐厅的名称“九本居酒屋”写在页面右边。选用店内旗帜上面的字体，可以更好地统一风格，字体可以粗狂随意一些。

3 选用日本美食海报和纸胶带，粘贴在页面正下方区域。将餐厅筷子套粘贴在左侧页面边缘，形成完整的包围式排版。

4 使用招财猫图案胶带衔接筷子套下方与日本美食海报中间的空白处，同时页面更加可爱。

5 将灯笼错落有致地粘贴在页面正上方，营造日本街巷居酒屋的画面。

6 最后，将餐厅消费小票贴在空白区域并书写文字，日式餐厅的美食记录就完成了。

● 日式风格和纸胶带（从左至右）

去你的旅行日本篇—和食店灯笼
去你的旅行日本篇—招财猫的祝福
去你的旅行日本篇—日式食谱

6.3.5 东南亚风格

东南亚风格可以说非常具有特色，视觉元素虽然会因国家文化的不同略有差异，但共有的元素有很多，如椰子树、海洋、贝壳、海龟，沙滩、遮阳伞、帽子、泳衣、墨镜、人字拖等，每一个元素的设计都可以很好地展现热带雨林的自然之美。

Q 东南亚风格适合记录哪些内容？

东南亚风格适合记录泰国、越南、柬埔寨、菲律宾等国家风情，许多海岛度假圣地也可借鉴此类风格来记录旅行手帐。

Q 东南亚风格有什么颜色特点？

东南亚风格的颜色五彩缤纷，包括明黄、粉红、大红、蓝色、绿色、金色，洋溢着海岛的风情。

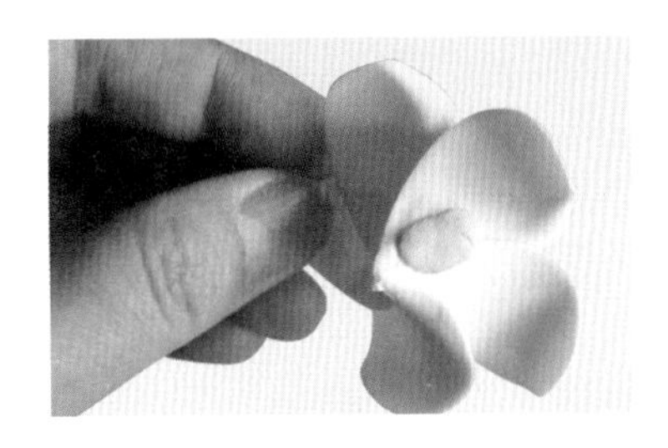

❶ 手帐内容为品尝泰国皇家花宴，素材有花宴菜单和仿真鸡蛋花，版式为对称式。

❷ 首先在仿真鸡蛋花花瓣后面粘贴进口辉柏嘉黏土。（每一个花瓣都需使用一点黏土）

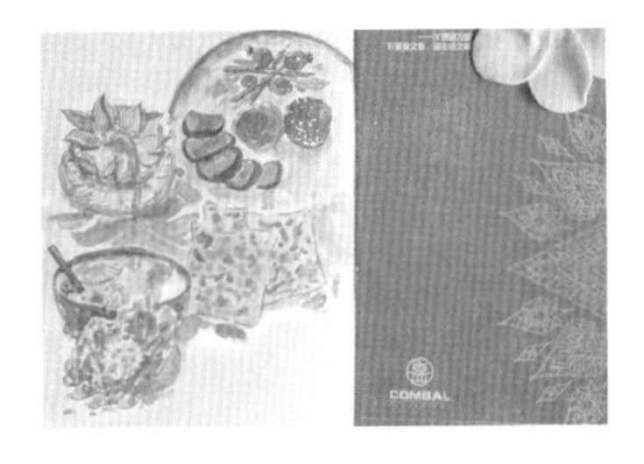

❸ 然后将鸡蛋花粘贴在花宴菜单上，并一同粘贴在手帐页面右侧。

❹ 使用水彩颜料手绘泰国花宴菜品，选择画出造型最具特点的食物，突出花宴的特色。

泰国皇家花宴菜单内页

❺ 手帐主色调为粉色、黄色、金色，选用粉色在菜品上方空白处手写餐厅名字，使用金色油性笔书写内文，保持左右画面风格一致。

6.3.6 清新风格

清新可以说是青春与活力的代名词，自然、阳光、清新唯美。受日式小清新摄影风格的影响，构图简单，略微过曝的图片，深受年轻人的喜爱。

Q 清新风格适合记录哪些内容？

清新风格适合记录台湾、日本、韩国一些年轻人喜欢的小众景点，如干净的街道、电影场景、大学周边及花店和咖啡馆。

Q 清新风格有什么颜色特点？

清新风格的元素趋于简单化，一花一草，简单的人物线条，清新淡雅的服饰。颜色以白色、浅蓝、浅绿等低饱和度颜色为主，始终让页面保持清透、充满阳光。

1 素材有咖啡馆名片、消费小票、餐巾纸、北平青旅的宣传单页、咖啡馆照片，版式为三分法。

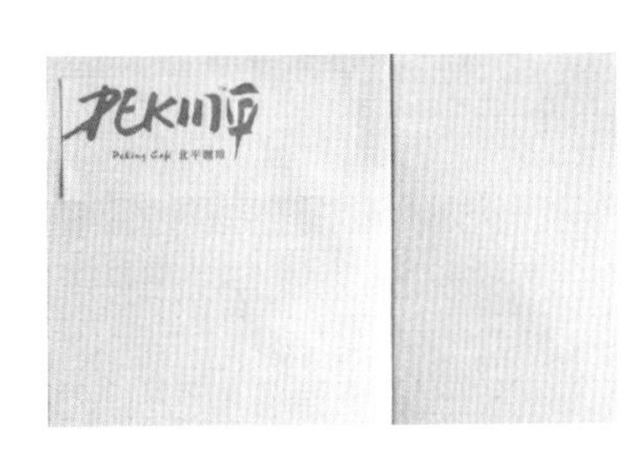

2 首先将印有北平咖啡馆标志的名片贴在页面左上角，作为本页的主题使用。

3 在杂志中找到北平咖啡馆店主的照片，也可以剪下贴在手帐中。

4 将印有咖啡馆店面照片的单页粘贴在标题下方，杂志上店主照片粘贴在咖啡馆标志旁边。

5 然后将消费小票与店内实景照片粘贴在右侧页面，使用夹子图案的和纸胶带固定。

6 剩余照片贴在小票下方，文艺清新风格的页面不易混乱，颜色轻快明亮，有阳光的质感。

佳能
CP1300
照相打印机

6.4 五花八门的形式

6.4.1 立体，让页面更有趣

手帐除平面的表现形式之外，也可以从二维向三维的形式转变，就像立体书籍一样，更能激发人们的想象力和创造力，让手帐更有趣。

圣诞节明信片

内容 圣诞节页面，选择将圣诞树做成立体效果，可以更好地营造节日场景。

素材 素材有购物袋、明信片、圣诞贴纸。

版式 选择居中和对称版式。

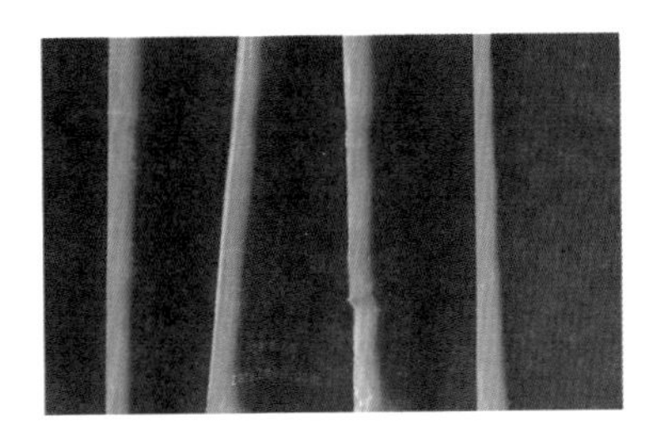

1 首先选择同圣诞树颜色相近的购物袋，将其平铺并折叠成长 8cm、宽 4cm 的长方形。

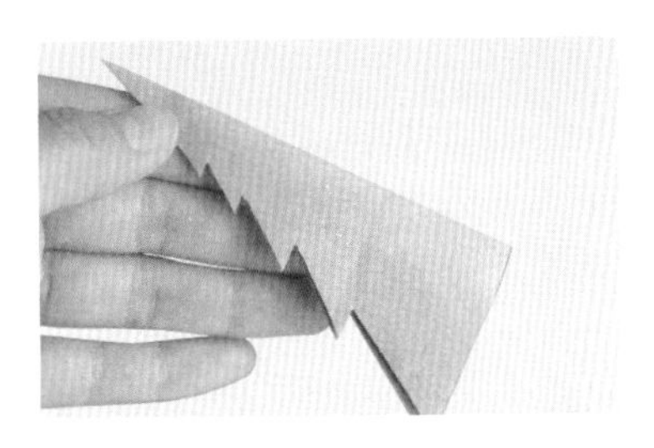

2 使用铅笔在折好的长方形纸面上画出圣诞树的外轮廓，并沿着画好的外轮廓剪下。

3 将剪好的圣诞树相邻纸张依次粘贴，这样立体圣诞树就做好了。

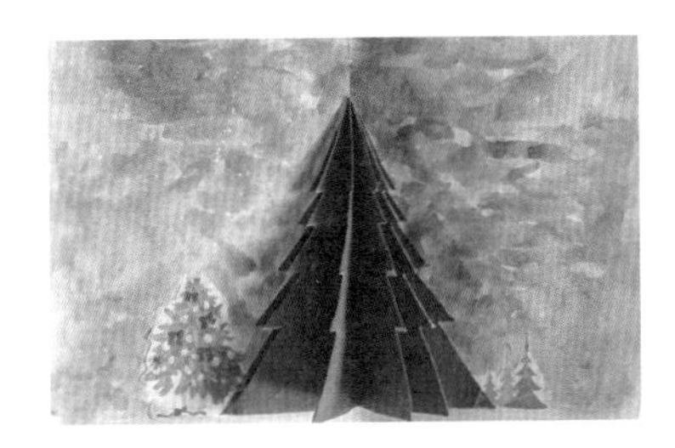

4 将做好的圣诞树贴在手帐页面中间，使用贴纸装饰圣诞树周边，烘托节日气氛。用水彩颜料画出紫蓝色渐变的夜晚天空。

5 在页面左上角粘贴圣诞老人驾着鹿车送礼物的画面和圣诞节英文贴纸。

6 粘贴空白明信片书写文字，选择邮票、圣诞人物贴纸和松树叶片装饰明信片。

母亲节
立体花束

6.4.2 折叠，让内容更丰富

折叠样式的手帐适合画面或书写内容较多时使用。打破手帐篇幅尺寸的限制，合理拓展手帐页面，更完整方便的记录旅行手帐。

内容 参观山西博物院，需要记录的展品较多，选择折叠形式的手帐可以详细记录每一件展品，方便日后查阅。

素材 山西博物馆门票、展览宣传单页、牛皮纸购物袋、日历。

版式 选择对称版式。

1 折页宽度为手帐宽度一半，长度与手帐长度一致，根据内容多少选择折叠页数。

2 门票粘在折页封面，将宣传单中的展品图撕下粘贴在折页上方，下方为展品详细文字。

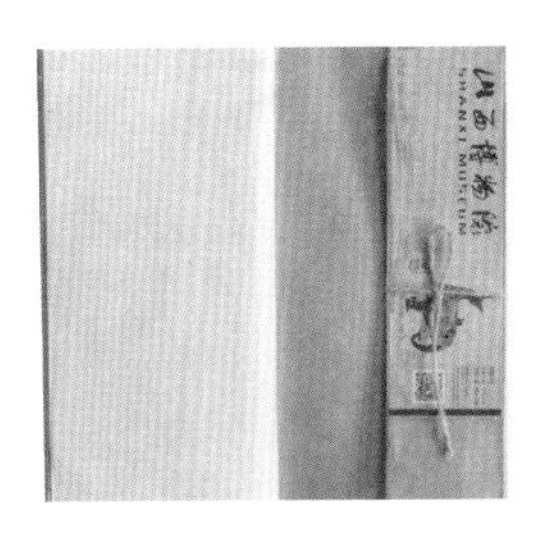

3 选择与牛皮纸风格一致的麻绳来固定制作好的折页。使用胶棒将折页粘贴在手帐中固定，再将麻绳系好，查看时只需解开麻绳即可。

4 将参观山西博物院当天的日历撕下，粘贴在左侧页面中，作为日期标识使用。

5 将山西博物院戏曲之乡单页上的图案剪下粘贴在日历下方。

6 最后在空白区域书写关于山西博物院的详细文字，此页手帐就完成了。

参观展览
致敬达芬奇

6.4.3 抽拉，让收纳更简单

旅行会收集到各种各样的素材，难免遇到资料尺寸过大、正反内容均需保留的事情发生，这时就需要制作一个抽拉式的收纳袋，尽量选择现有素材进行制作，如有大小合适的信封可以直接使用。

内容 山西大同云冈石窟，素材中门票和单页尺寸过长，为完整保留资料方便日后查看，选择抽拉口袋的收纳方案。

素材 云冈石窟门票、世界遗产知识宣传单页。

版式 选择三分式和对称版式。

❶ 选择宣传单页用来制作抽拉式收纳袋，宽度小于手帐宽度，长度保持不变。

❷ 以“世界遗产公约的标志”为抽拉口袋的主画面进行折叠，左、右、下三边留出 1cm 的宽度。

❸ 将超规格尺寸的云岗石窟门票进行折叠，使用丝带系在门票打孔位置上，方便门票抽取。

❹ 使用固体胶棒将抽拉口袋固定在手帐中。抽拉口袋可放入景区门票、宣传单页、纪念品小票，照片也可装入口袋中。

❺ 选择云冈石窟中“菩提树和二佛对坐像”的壁画画在手帐左侧页面。

❻ 最后在空白区域书写关于大同石窟的详细文字，此页手帐就完成了。

6.4.4 镂空，让装饰更漂亮

镂空形式在旅行手帐中也比较常见，多数用来制作旅行相框时使用。简单镂空有正方形、圆形等，也可以使用镂空模具设计手帐页面。

内容　2019 年春节游览北京故宫博物院，参观“贺岁迎祥——紫禁城里过大年”的展览。参照展览主题海报样式，制作春节全家福相框。

素材　红包、全家福、展品照片。

版式　选择对角式和居中版式。

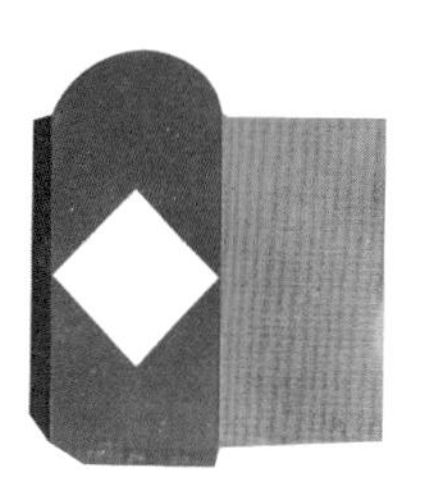

1 将春节红包拆开平铺，在红包正面中间剪出一个正方形用作镂空区域。

2 在正方形四角上写展览名称“贺岁迎祥”四个字，字的位置与展览海报一致。

3 将展览中拍摄的“金大吉葫芦挂屏”的照片沿轮廓剪下，贴在 “岁”与“祥”之间。

4 选择金色纸张贴在红包内部作为照片背景色，再将全家福照片剪下粘贴在红包内部。

5 红包镂空相框贴在右侧页面，将故宫全景图和灯笼照片沿物体轮廓剪下贴在页面对角处，灯笼旁边写上展览主题。

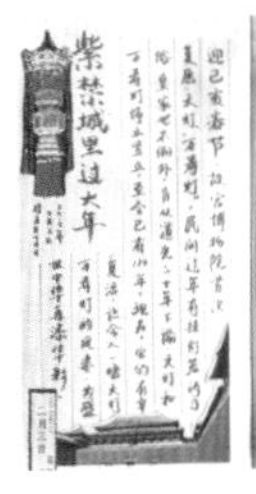

6 手帐风格为典型的中式风格，标题和内文选择竖版书写，左下角粘贴农历日期装饰页面。

参观展览
奇妙的
不确定性

可将此页彩色复印剪下图案，作为贴纸应用在旅行手帐中。

可将此页彩色复印剪下图案，作为贴纸应用在旅行手帐中。

可将此页彩色复印剪下图案，作为贴纸应用在旅行手帐中。

可将此页彩色复印剪下图案，作为贴纸应用在旅行手帐中。

愿始终对世界充满好奇!

谨以此书献给我的父母、家人及朋友。